徐　飞◎著

人生成功必备

北方妇女儿童出版社

U0687706

图书在版编目（CIP）数据

人生成功必备 / 徐飞著. —— 长春：北方妇女儿童
出版社, 2019.3

ISBN 978-7-5585-3238-2

Ⅰ. ①人… Ⅱ. ①徐… Ⅲ. ①成功心理—通俗读物
Ⅳ. ①B848.4-49

中国版本图书馆CIP数据核字（2018）第291320号

出　版　人　刘　刚
封面设计　艺和天下
责任编辑　张晓峰
开　　本　140mm×200mm　1/32
印　　张　6
字　　数　145千字
印　　刷　三河市元兴印务有限公司
版　　次　2019年3月第1版
印　　次　2019年3月第1次印刷

出　　版　北方妇女儿童出版社
发　　行　北方妇女儿童出版社
地　　址　长春市人民大街4646号
邮　　编　130021
电　　话　编辑部：0431-86037512
　　　　　发行部：0431-85640624

定　　价　39.80元

P前言
REFACE

成功那耀眼的光环，使多少人梦寐以求。但是，成功从来不会自己来敲门。在很多人看来通往成功的道路遥不可及，如何走向成功的道路呢？

胡雪岩的成功是与那个时代和他自身对商业的独特爱好有关，但是也和他的为人处世的作风息息相关。每一个有志气的青年人，要想使自己的人生活得光鲜亮丽、成就一番事业、体现自身价值，就要学会做人和做事。

面对不同的境遇，拥有相近的身世，付出同等的努力，而有的人只能平庸，有的人却能脱颖而出呢？为什么有的人能够飞黄腾达、演绎完美人生，而有的总是与成功无缘？原因在哪里？区别在哪里？本书自会带给你答案！

本书列举了众多成功人士的感人事迹和不平凡的人生故事，并进行深入分析，从他人的成功经验概括了这些成功的因素，供广大读者借鉴。当然了，成功是不可以复制的。每个人都有自己的成功方法，别人的成功经验只能使你得到启发，关键还是要认清自己，认清外界环境，不断地探索适合自己的独特方式，才能开辟自己的成功之路！

C目录
CONTENTS

第一章
人生必须立志向

　　"中国两个一百年奋斗目标"和"实现中华民族的复兴梦"，都是中国立的志向，立下的誓言。中国人民在党和政府领导下为实现这一宏伟目标正乘风破浪，勇往直前，信心百倍地奔向这一目标。一个国家要立志向，一个人也需要立志向。

人生为什么要立志向？

　　现实生活告诉我们必须立志向，否则寸步难行。例如乘公交车、火车和飞机是家常便饭的事，但必须知道去哪里——目的地，不然没法买票。人生也是如此，如果没有理想，没有志向，就是路茫茫——要走向何方？常言道："条条大路通罗马！"若走了近路则省时，若走了远路则费时，若走了"反路"则南辕北辙。人生必须有梦，有理想，立志向——设定目标。人生有了明确的奋斗目标，才会孜孜不倦地去追求。青年时期的毛泽东说：

"孩儿立志出乡关，学不成名誓不还。"周恩来说："理想是需要的，是我们前进的方向。现实有了理想的指导才有前途，反过来也必须从现实的努力中才能实现理想。"他告诉我们理想的重要性和实现理想的途径。他又说："为中华崛起而读书。"毛泽东说："不到长城非好汉。"巴斯德说："立志是事业的大门！"……这都告诉我们，干什么都需要立志向，有明确的奋斗目标。

如果你想成大器，做一番大事业你必须要立大志向。你有了远大的理想，又踏踏实实地干，必成大业。你心中有"鸿鹄之志"，才能产生大动力、大意志，个人的禀赋与天资才能得到最大限度的发挥，你的全部资源，包括你的精力，才能得到高度集中。孟子说："夫志，气之帅也！"墨子说："志不强者智不达，言不信者行不果！"

如果你有远大的志向，你就会把你的人生坐标调得更高一些。乔治·哈伯特说："一个壮志凌云的人肯定会比一个胸无大志的人有出息。"苏格兰有一句谚语说得好："扯住金制长袍的人，或许得到一只金袖子。"胸怀大志的年轻人如果拥有远大的理想，在较高目标的引导下，他们就会调高自己的人生坐标，并因此付出更多更大的努力。

人生漫漫，道路茫茫，在人生岁月的长河中，看起来成功似乎是一件偶然的事，其实成功也是一种人生的必然。立志是一个人能否成功、成就自我的关键。我们要使自己的人生有意义，就一定要树立自己的理想，定出人生的目标。常识告诉我们，喷泉的高度不会超过它的源头，一个人的成就绝不会超过他的理想。理想就像夜空中闪亮的北斗星，我们永远摸不着它，可是我们借助它的光辉在漆黑的大海上航行，使我们不至于迷失方向；理想是石，可敲出星星之火；理想是火，可点燃熄灭的灯；理想是路，可引你走向黎明；理想是人生的力量源泉，是人生的精神支柱……

在经济、资源配置高度市场化和教育高度发达的今天，成功的人和失败的人，在技术上、能力上和智力方面的差别并不很大；或者说每个人的成功与失败，贫穷与富有的概率是差不多的。但是差别在于每个人到了应该立志向的年龄时，是否及时立志向、是立大志向还是小志向，是大不一样的。人们常说，谁赢在起跑线上，谁输在起跑线上，就是这个意思。

当然，你立了志向之后如果你能把自己的时间、精力、智慧、金钱或其他优势等资源都集中应用于这个志向或目标上，你就可能做出惊人的成就，获得极大的效益；如果你立了志向只驰于空想停于口头上，不踏踏实实地去践行，和没有立志向是一样的。

人生怎样立志向？

人生怎样立志向，这是摆在青年人面前的一个非常实际而又很不好择定的问题。人生追求的理想、选择奋斗的目标不能凭空想象。有的人根据自身条件来立志向，有的人根据自己的特长、爱好来立志向，有的人按"追梦"来立志向，有的人以社会当前或未来需要来立志向，如此等等不一而足。我们应"量身裁衣"选择适合自己的志向——适合自己的志向才是最好的志向。所谓人生立志向，就是在社会上找一条最适合自己发展的路，自己能尽其才、实现自身价值、理想得以实现，又心情顺畅。

立志向一定要务实，切忌空谈，好高骛远。一些学习成绩优异的高才生，他们往往把他们的学习成绩看得过高过重，把书本知识当成实际能力，而对社会实践的重要性认识不足。实践是认识的源泉，人类的一切知识，归根结底来自于实践；实践是认识的动力，实践强力推动着科学的车轮不断前进。认识到实践的重要性而又注重实践的人，才是最聪明的人。

1984年10月6日，诺贝尔物理奖获得者丁肇中教授在清华大学演讲后，回答学生提问时说了如下一段话："据我所知，在获得诺贝尔奖的90多位物理学家中，还没有一位在学校里经常考第一，经常考倒数第一的倒有几位。"

2001年5月21日，美国总统布什返回母校耶鲁大学，接受荣誉法学博士学位证书。由于他当年学习成绩平平，在记者问到他现在接受这项荣誉有何感想时，布什总统说："对那些学习成绩优异的毕业生，我说'干得好'；对那些成绩差的毕业生，我说你可以'当总统'。"

这两位名人不谋而合，异口同声说差的毕业生可以获得诺贝尔奖，可以当总统。他们在这里强调的是社会实践和出校门后个人努力的重要性，而不是说学习好不重要；同时他们告诫高校毕业生，千万不要陶醉于自己的优秀学习成绩，否则会误了你的美好人生。社会是一个大熔炉，所有的名人，所有有成就的人，都是从这个大熔炉里提炼出来的，成为强度高、弹性大、有韧性的真正的"优质合金钢";社会是一所"包罗万象的综合性大学",所有的名人,所有有成就的人,都是从这所大学学会"如何做人如何做事"的,都是从这所大学学会在"物欲横流、灯红酒绿的大千世界"里,不沉沦、不迷失方向,始终为自己的理想而奋斗。

世界第一大互联网站阿里巴巴首席执行官、网站创始人马云,万向集团董事局主席鲁冠球,海尔集团首席执行官张瑞敏,中医药专家诺贝尔奖获得者屠呦呦等一大批企业家、科学家,都是在社会这所大学校努力学习,经过几十年千锤百炼,摸爬滚打而成长起来的世界级巨擘。

伟大的志向、崇高的理想,一定要立足于社会,经过漫长时光的努力,孜孜不倦的追求,方可能实现。

怎么践行自己的志向?

一个人一旦立下志向,它就成为人生中的大事,就成为一个人的奋斗目标。例如你立志成为一名科学家、企业家、艺术家或者政治社会活动家等等。不论你立什么志向,都要下最大决心、尽最大努力,千方百计践行它、实现它。

把志向或理想变成现实,变成看得见、摸得着的成果,被众人或社会认可,是要走很长一段曲折的沟坎纵横、长满荆棘的路。没有坚强的意志、没有滴水穿石的精神和切实可行的计划,是难以有始有终走到这段路的终点和看到胜利的曙光;

同样，那种急于求成，想一口吃个胖子、一夜成名的人，是永远看不到成功的。但是践行自己的志向，要认识到时间的重要性和紧迫性。颜真卿说："黑发不知勤学早，白首方悔读书迟！"朱熹说："少年易老学难成，一寸光阴不可轻！"巴尔扎克说："时间是人的财富，全部的财富！"雨果说："谁虚度年华，青春就要褪色，生命就会抛弃他（她）们！"人的一生，除去了吃饭、睡觉、行走等时间，真正用于工作、学习的时间是很可怜的，因此我们一定要抓住时间。

李嘉诚和马云的志向

当李嘉诚还是一个小塑胶花厂的经理的时候，他以敏锐的眼光预见塑胶花未来一定会有很大的市场前景——同行还没有这种意识，他坚信会赚大钱。他锁定了这个目标之后，迅速行动起来，把人、财、物、时间、精力等资源都投入进去：引进生产线、扩大生产规模、提高塑胶花品质和增加塑胶花品种，抢先投放市场，一跃成为香港塑胶花大王，赚到了第一桶金。同时也为日后他的长江实业与和记黄埔奠定了坚实的基础。

我们再来看看阿里巴巴互联网站，他是靠什么取得今天这样巨大的成功，创造了一个又一个人间奇迹呢？朱甫先生在他的《马云如是说》一书中回答了这个问题。他说那就是"马云从创业之初就具备了大视野、大胸怀和大眼光……在互联网技术飞速发展、经济全球化日趋明显的今天，只有那些在创业之初就具备了放眼全球的视野的企业家，才会使他的企业从诞生起就具备市场领先者的潜质。阿里巴巴和马云就属于这样的企业和企业家。"马云的成功正如高尔基所说："一个人的目标越远大，他（她）的智力发挥得就越充分！"

立志是事业的大门，我们年轻人立大志向、大视野，事业就会有大成功；立小志向、小视野，就只能小打小闹；无志向无视野就一辈子浑浑噩噩、碌碌无为，享受不到成功的喜悦，享受不到理想带来的幸福。俗话说："雁过留影，人过留名。"今天是人尽其才，物尽其用的时代，正是"天生我才必有用"的时代……青年朋友们，立大志向吧，你们是国家未来的栋梁之材，是国家未来的脊梁！

讲两个真实的故事

故事一

我在美国碰到一位谢女士，由于老乡关系一见如故。她告诉我她现在是一家电脑子公司的经理。接着她向我讲述了她在美国打拼的一些情况。15年前，她有幸到一家电脑公司做一个软件技术员。她决心要成为一名出类拔萃的电脑工程师。她刚去时几乎是电脑盲，为尽快掌握电脑技术，她几乎没有休息过一个周末，几乎每天睡觉都没有超过6小时，几乎请教过她身边或别人介绍的每一位电脑人员。她在艰苦奋斗了三四年以后，才基本掌握了电脑技术；接着她又下决心，抓紧一切时间，努力学习、努力工作。她总是早上班晚下班……这样她又奋斗了五年，现在已成为电脑技术方面的工程师、成为公司唯一一个group的头头。

该group承担着电脑公司的主要业务。由于她工作积极、认真，开发的软件在使用中从未出现过差错，曾多次受到用户——国家卫生部的表彰。此时她已经成为电脑公司在技术上把关的人物了。2010年该公司的老板告诉她，同意让她在公司下面成立子公司。

我问她今后的打算时，她说她自己的公司目前已有十多个人，目标是发展成为社会上的一个独立公司。目前以承担总公司任务为主，同时在社会上积极开发客户和发展伙伴公司，争取多渠道拿到任务。她说："我的目标就是使我的公司成为能开发和承担电脑业务的实实在在的公司。"

谢女士的讲述，我最感兴趣、印象最深的就是她卧薪尝胆、艰苦奋斗十多年，终于成了公司出类拔萃、不可或缺的电脑人才，唯此她才有了以后自己的公司。领导或社会欣赏、承认、评判一个人的能力和水平，唯一依据就是他的表现和工作成果。

凡是立志去实现自己理想的青年朋友们，去脚踏实地、辛勤耕耘十年、二十年，你的"鸿鹄志"一定会开花结果！

故事二

美国等西方国家的大学实行学分制。学校不同、专业不同，学分总数也略有差异，大学四年总学分数是120分到128分。你什么时间修够学校规定的学分，你就可以什么时间毕业。所以许多学生为早一点上班挣钱往往每学期都选择多修几门课程。学校有必修课和选修课、大课和小课之分，学分也不一样。

我的朋友朱某，他说他的儿子2001年考上了美国排行前20名的一所大学。美国大学越有名学分要求越严格，修够规定学分越困难。朱某的儿子立志要在三年内修完大学四年的课程。这是一种愿望，怎么实现并非易事。四年完成的学分在三年内完成，大约每年要多修三门或四门课，这给学生增加不小压力。朱某的儿子为实现这一目标，他制定了周密的计划，从思想上、精神上、身体上都做了准备，以适应三年完成大学四年的学业。他天天锻炼一小时的身体，为释放学习压力，每天哼歌曲玩乐器不少于半小时，甚至有时大声为自己喝彩、为自己鼓掌；上课时认真听讲，把重要部分记下来，其他时间专心致志学习；坚决不谈恋爱……朱某的儿子终于在三年内完成了大学学业，顺利拿到了大学毕业证书。

想提前修够学分的同学，如果没有好的计划，没有好的身心条件，就不要急于求成，否则会带来预想不到的后果！

实事求是，量力而行，能快则快，不能快则慢，积一分是一分，不追赶别人，认真做好自己的大学四年的学问，以优异成绩毕业，也是不错的选择。

每个人立志向，适合自己就是最好的；立了志向就要做计划分阶段认真付诸实施，不达目标誓不罢休。

第二章
用志向唤醒成功的欲望

志向高远是成功的前提

我们经常看到这样的现象：有人总是抱怨自己的工作无趣，日复一日，年复一年，不断地重复那些内容，因而对工作缺乏热情和兴趣。可是，他们又常常向往别人的工作，而一旦跳了槽，到了他们所羡慕的岗位，一段时间过后，他们再次抱怨起来，觉得很失望。也有的人虽不抱怨，但热情并不高，只知道机械地工作，所以，多少年过去了，依然碌碌无为。为什么会这样呢？有一个小故事很发人深省。

一日，有人在工地上看到工人们在砌墙，这人便随意地采访了三个工人。

他问第一个工人："你在干什么？"工人随口答道："我正在砌砖。"然后，他转向第二个工人，工人回答说："我正在挣钱。"接着，他又去问第三个工人："你在干什么呢？"

那个工人微笑着说："我正在建设好房子呢！"

若干年后，这三个人都抹上了岁月的痕迹。不过，前两个工人仍然在砌砖，而第三个工人已经是一位建筑师了。

开始的时候同是砌砖的工人，起点是一样的，可经过若干年，前两位还在砌砖，而第三位已经成了建筑方面的专家。这样的变化，其实在最初的采访中就已经确定了。

在当年，对于相同的问题，第一个工人说是砌砖，这是他眼前的活，觉得这就是每天要干的事。第二个工人说得很直白，砌砖就是为了挣钱，为了维持生计。第三位却把自己的砌砖与造好房子联系起来。可见，他赋予了砌砖不同的意义，正因为这样，他才热情地专心于这方面的研究，他后来有所成就是必然的。

有一个人原是校长，后来区教育局要成立一个专门检查和评价学校的机构。当局领导调他去负责这个部门时，局长请他谈谈想法。他说："要是着手，就得干好！这个机构在各个市都是刚刚建立的，各个区、县都在同一条起跑线上。只要局里支持，我们区就有信心做好，争取在全市走在前列。"正因为他目标明确，因此，他努力去干，钻研这方面的理论，大胆地探索与实践，并且注意总结。几年工夫，他在所负责的方面便有所成就，这也使他所在的区、县扬眉吐气。

同样是工作，但干的效果如何，却受一个人的志向和目标影响。你的志向大一些，目标高一些，你要追求的东西自然就会不一样，做出的努力也会不一样。有了目标自然就有了动力，你就会主动地克服各种困难。这样，你才能取得显著的成果。所以，一个人要想获得成功，就要把目标和志向定得高远一些。如果你的志向和目标就只是谋生而已，或是一般的水平，那你就不会有多大的成就。

明确目标可以助你走向成功

影响一个人成功与否的因素很多，但从主观方面来说，关键是一个人的目标是否明确。

就初中学生而言，他们的目标很明确，即考上重点高中，为此，他们努力着。当他们达到这一目标后，一个新的且具体的目标又确立了，这就是要考上知名的大学。为此，他们又废寝忘食地学习，几年的高中生活自然很紧张，但也很充实，因为他们有明确的目标。然而，考上大学后，很多学生却不知所措了，因为他们再也没有这么明确的目标了。他们只是等着快点毕业，早日走向社会。

在这种情况下，生活当然紧张不起来，再也无法找到以前那种学习的拼劲，他们觉得是船到码头车到站，可以松懈了。于是，优哉游哉，谈恋爱，泡网吧，玩游戏，他们对于优秀的成绩再也不那么渴望了，而是"60分万岁"，只要凑合及格就行。更有甚者，想跟老师在考场上玩捉迷藏，结果遭到学校的处罚，有的还失去了继续学习的机会。他们本来可以在大学校园里取得累累硕果，结果却没有这样，这就是因为他们失去了航向，没有了目标。

现实生活中，这样的事数不胜数。

小王、小赵两位姑娘，两人年龄差不多，条件也基本相同，都是初中毕业后从农村来到城市谋生的。后来，她们都到商店当了售货员。小王当售货员后，非常珍惜这个机会，工作勤恳认真，几年后就当上了她所在柜台的组长。

小赵也很不错，十分珍惜自己的工作。她不仅要求自己做好本职工作，而且给自己定下了一个目标，就是不只当一般的售货员，而应该当这些售货员中的行家。因此，只要一有空，她就专心地认识和研究这些商品的性能、特点、使用方法、有效期等。没过多长时间，她就能很细致地向顾客介绍商品，给顾客提供建议了。因此，顾客对她评价很高。结果，她的柜台营业额是全商店最高的，她也因此获得了商店的奖励。

但是，她并没有因自己的成绩骄傲自满。接着，她又报考了成人高校，学营销、学管理，一天到晚总是忙忙碌碌的。

几年过去，由于工作出色，她由组长升到了部门经理。总经理很赏识她的才能，觉得她是一个懂得营销的管理人才，便破格让她担任经理，负责一个几十人的大商店。

两个姑娘工作都很认真，但小赵的发展更好一些，原因就是她有明确的目标，而这个目标促使她不断地前进、发展。相反，如果没有这个目标，她很有可能依然是个售货员。

确定目标时要从自己的实际出发，不能盲目自大，不能不顾条件地空想。而且，目标不能定得太容易，如果不费力气就能达到，那这个目标是没多大意义的。可以将目标定得有一定挑战性，就像树上的果子一样，只有跳而不只是伸手就能摘到。因为你的标准高些，最后，可保证达到中等水平；如果你的标准一般，那最后就只能达到下等水平。

定下了目标，还得有实施步骤，确定实现目标的大体时间。确定这样的期限是很重要的，它会使你有紧迫感，使你的目标有实现的保障。相反，那些没有期限的目标，往往很难使人为之拼尽全力，只能算是一厢情愿的想法罢了。

有了目标，可以在心中暗暗地去努力，默默地去实现。如果怕自己会懒散，也可以把自己定下的目标告诉亲朋好友——他们的外在压力，也有助于坚定你的目标，促使你全力以赴。

认清自己的目标，并朝着这一目标坚持不懈地努力，你就可以走向成功。

学会为自己发"通行证"

我们在决定一件事的时候必须很慎重，当然，如果有可能，也可以请教别人，因为我们有时候可能想得不够周到。集思广益，这样收到的信息才更全面。但是也常有这种情况，即自己对问题考虑得不周，也不够自信，因而对各种不同的意见无所适从，使问题拖来拖去，难以决断。

有个"筑室道谋"的成语说的就是这个道理。从前有一户人家，想在人来人往的大道边上盖房子，他拿着图纸去问路人。这个说应该这样盖，理由如何如何；那个说不应该这样，而应该如何如何，又说了很多理由。就这样，这房子究竟该如何建造，总是没有一个统一的意见。主人怕这怕那，不知听哪种意见好。结果过了很长的时间，依然没有动手建房子。

其实，我们应该听取意见，但决断的主体还是自己。事情是你自己的，你完全可以综合各种意见，加以分析，择善而从之。自己的事情自己决定，要给自己发"通行证"，并非都得征求他人的同意才行。

有人说过一句很有意思的话："需要别人赞同时，你就更在乎别人的看法。"

日常生活中往往会遇到不同意见，这并不要紧，关键是要有自己的主见。一个充满自信而且头脑清醒的人，就会懂得这样一个简单的道理：无论你提出什么意见，都很难让所有人同意；无论你多么优秀，也不会使所有人都喜欢你；无论你进行什么尝试，也很难说你就一定能成功。因此，你的意见不被支持或遭到反对时，应该正确看待。要冷静地考虑和分析，但没必要过分地在乎别人的意见，而否定自己的主张。

美国的林肯总统曾经说过："假如只让我读一遍那些针对我的责难，更别说给他们答复，那我这个店就得关门大吉。我尽我的全力去做，我决心一直这样做到底。如果最后事实证明我是正确的，那么那些反对的声音自会消失；如果事实证明我错了，那么即使有十个天使发誓说我是正确的，也无济于事。"他说得很对，很多事确实如此。

总之，办事必须有主见，不能凡事都依靠别人。只有这样，你才能掌握自己的命运，才有可能成为一个成功者。

最适合的才是最好的

当今时代，父母都在为孩子设计人生道路，大多数都希望孩子接受良好的教育，从小学、中学、大学，直到读硕士、博士。绝大多数人们都有这种愿望，只有条件达不到者除外。这种想法当然无可厚非，因为时代在进步，这是社会发展的趋势。人们受教育的年限长些，学历高些，知识渊博些，对人的成长自然更有好处。

然而，有一位很知名的重点中学的校长却没有像一般人那样做。这位校长有一个女儿，当她初中毕业之时，升学问题就一直在困扰着她，是考重点高中，还是选择其他类型的学校呢？她的父亲就是重点高中的校长，根据学校的惯例，教职工的子女考本校可以得到照顾，应该说她升入本校高中是不会有困难的。然而，这位校长跟女儿商量之后，却做出了一个让人难以置信的决定：不考重点高中，而报考一所职业高中。

听说这事以后，校长的朋友和学校的一些教师都难以理解。有人劝他说："你只有这么一个女儿，还是让她上重点高中好。"

校长笑着解释说："我并不是心血来潮，一时冲动啊！我并不是没考虑过让她上高中、上大学，为了这些，我也如同所有家长一样心急如焚，逼着孩子天天学习，不准她看电视，不准她弹琴，还请家教辅导。可这些使孩子变得很压抑，不爱唱了，不爱跳了，连话都不多说了，弄得家里气氛很凝重。我分析了孩子的学习状况，学习差并不是因为智力有问题，而是她性格和行为的特点造成的。若不顾她已形成的性格特点，强迫她去走我为她设计的道路，那她肯定不会愉快的，甚至会很痛苦。为什么非要逼着子女做这样的事呢？作为父母，让孩子身心健康是其首要任务，还要帮助她选择适合她自己发展的道路。"

劝的人听后，谁也无法再进言。有的人想："这样说确实挺有道理，就是不知道结果会怎样，还是等着瞧吧。"

不久，女孩上了职业高中，很快，孩子活泼快乐的天性回来了。她唱着歌儿上学，唱着歌儿回家，有说有笑，与以前判若两人。更重要的是她不再自卑，增强了自信心，在各种课外活动中都表现得很积极，还加入了共青团。

看着孩子恢复了青春与活力，家人也跟着开心，校长也认为自己当初的决定是正确的。

转眼，孩子毕业了，进了一家银行工作，她依然很快乐，每天上班也是如此。为了提高自己的专业技能，她还主动报名参加各种学习与培训。学电脑、打算盘、数钞票，连手指都磨破了，依然兴致不减，因为这种学习成了她自己的需要。就这样，她在工作第一年的一次技能大赛上获得了第六名的好成绩，激动得她都哭了。

女孩的成功说明了校长决定的正确性。他虽身为重点高中的校长，却没有局限于当今社会的人们的一般看法之中，他从自己女儿的实际出发，帮她选择了未来的发展方向。

每个人都有自己的性格与爱好，选择职业应该从自己的实际出发。有的人性格内向，不善言辞，偏要去搞公关，就很难有所发展；有的人粗心大意，大大咧咧，觉得金融行业很有发展前景，非要从事这方面的工作，结果就免不了要面临各种困难和风险。

其实，人生的路是多彩的，"条条道路通罗马"，绝不是只有一条道。为什么一定要去挤拥挤的独木桥呢？校长的做法应该被肯定，他为孩子选择了适合的发展道路，促使孩子获得了成功。

如何让成功的欲望更强烈

每个人都渴望成功，想有一番作为，然而，怀有这种愿望的人并非都能够如愿。当然，这其中有很多因素，关键之处在于自己的欲望不够强烈，没有那种不达目的誓不罢休的精神。如果说目标是箭，那么欲望就是弓。光有箭而没有弓，你就是在空想，跟做白日梦一样没有动力；相反，只有弓而没有箭，也只能一事无成。因此，要想成功就得有目标，更要有那种必须成功的决心，因为愿望越强烈，成功的可能性就越大。

楚汉相争之时，有一次韩信带一万多人的军队去攻打依附于项羽的赵国。赵国统帅成安君若听从谋士的建议坚守不出，就不会被韩信的奇兵断掉退路。可是，成安君自认为有二十万大军，盲目自信，未予理睬。

韩信闻讯大喜，决定立即进军。他知道自己是以寡敌众，形势严峻，但他有十分强烈的求胜欲望，决心要以少胜多，消灭赵军。他先在赵军兵营附近埋伏两千人，接着又让主力一万人连夜出发，背靠着大河修筑阵地。然后，自己带着剩下的人马在天亮后打着帅旗，表现出主力在前进的阵势。

赵军发现韩信的帅旗后，真以为是其主力，赶忙迎战。这时，韩信佯装大败，率军慌乱地逃向水边，赵军紧追不放，一直追到水边阵地。这时，韩信下达反击令，因为背靠大河，再无退路，士兵们便决心死战，战斗力增强了几倍。赵军被迫撤回兵营，但为时已晚，因为韩信布置的两千伏兵已占据了兵营。在韩信军队的前后夹击下，仅一上午赵军就被击溃。

面对二十倍于己的敌人，韩信依然有着强烈的求胜欲望，也正是这种求胜心才使他下定决心把阵地筑在水边，这就是兵法上所说的"置之死地而后生"。死和生原本对立，然而一旦置之死地之后，便会拼命求生，这就激发起战士有我无敌的拼搏精神，所以，才有了这一以少胜多的典型战例。

其实，并非只有打仗如此，其他各行各业也都一样。如果一个学生没有成功的欲望，学习就很难有动力，学而不厌；如果一个商人没有成功的欲望，就很难想象他会敢冒风险，抓住商机。

成功的欲望不是生来就有，而是与经历有关，生活的经历是唤醒其成功欲望的最好老师。面对生存的艰辛，人们必须努力，而强者总是试图改变自己的境遇，"穷则思变"就是这样。

有一位很有成就的高科技企业家，幼时便随父亲移居美国，少年时就在家里的餐馆中帮忙。有一次，他因端餐盘出了错，急得父亲用炒菜的勺子打他的头。他痛极了，但他依然强忍着泪水把盘子送到了餐桌上。从此，他下定决心长大后一定要用技术来赚钱。于是，他刻苦学习，终于考上了纽约理工大学，后来当上了一家著名企业的总经理。他的成功欲望可以说是被父亲的炒勺唤醒的。一些在逆境中奋发图强的成功人士都是因为环境逼迫，才让他们产生了强烈的求胜心。

当然，每个人的成功之路都不相同，但都可以有成功的欲望。因为有了它，你就能迸发出无穷的力量。所以，要想成功，首先要激发出成功的欲望。

大目标应一步一步实现

要想成功就得有目标，而且很多人都是怀抱着大目标，这是可以接受的。但是目标确定后，却需要一个漫长的实施过程。它需要毅力和耐心，也需要讲究方法。有些人做事之所以半途而废，并非因为目标不明确，也不是困难不可克服，而是因为目标过于遥远，使得成就目标的距离太远，一时难以实现。因此，要实现大目标，首先应该将目标分解成多个细小的目标，然后，向着一个个小目标前进，逐步实现这些小目标，这样才能积小胜为大胜，逐渐接近大目标，最终实现大目标。

以提高学生的成绩为例，取得好成绩是每个家长和孩子的希望，但是每个学生的情况不同。让孩子定下提高的目标，这是应该的。不过，有些孩子的目标虽然定了，却无法实现。这本是一个短期的目标，可是一次次都没有实现，时间一长，孩子就放弃了，成绩也很难提高。

有一位初中三年级的教师，就很有办法。她负责的班级，大部分学生在每次考试中都有进步。到中考时，这个班的成绩在年级中名列第一。有人问她的经验，她就说让每个孩子不仅要有目标，而且还要逐步达到自己定下的目标。这就是要根据孩子的实际情况，把争取中考胜利的大目标，分解成一个个小目标。开始时，以比自己成绩稍高的同学为目标，定下来先超过他，实现了这步后，再选一位比自己现在的成绩高一些的同学，再超过他。每达到一个小目标，他就会有成功的信心，尝到努力的甜头，因而信心倍增，愈加努力，学习成绩也就一步一步地提高了。正是由于她对不同的孩子给予了不同的指导意见，所以，学生们都在你追我赶，为实现自己的小目标而奋发学习，积极性很高。其实，这样的事例有很多。

1984年，日本有位名不见经传的运动员，在东京的国际马拉松赛中出人意料地夺得了冠军。他就是山田本一，很多人都很吃惊。当记者问他原因时，他只说了一句："我战胜对手是依靠智慧！"

当时，许多人对他的话都不以为然，认为这马拉松赛凭的是体力与耐力，有多少智慧可言呢！

过了两年，在意大利的米兰又举行了一次国际马拉松比赛，世界冠军依然是山田本一。当记者再次采访他时，他的回答还是那句话，可人们对他的话依然不重视。直到十年以后，这谜团才解开。山田本一在他的自传中写道："我每次比赛之前，都要仔细研究比赛路线，记住途中比较醒目的标志。如第一个标志是高大的银行，第二个是一棵大树，第三个是一座红房子，等等，一直要画到终点。比赛一开始，就用快速度向第一个目标冲去；到达后，依然以相同的速度冲向第二个目标……四十公里的赛程，就这样被我的一个个小目标突破了。以前，我不懂得这样，目标就定在了四十公里外的终点的那面旗帜上，然而跑了十多公里后就很疲惫了，因为前面遥远的距离把我吓倒了。"

山田本一的体会是真实的，他的确运用了自己的智慧。目标太远，会使运动员的心理产生压力，这种心理上的因素，往往是失败的重要原因。相反，如果把长距离划分成若干个距离段，再逐一跨越它，那就会轻松得多，成功也就不远了。

不要让逝去的事折磨自己

人们总是希望获得成功，但是成功绝不会那么容易。在获得成功的过程中，难免会摔跤跌倒。但是，如果因此而沉溺于过去的失误、挫折和失败，总是唉声叹气，或后悔不已，那么就会陷入一种沮丧的情绪中难以自拔，自然就难以再有向前的勇气。

有一个"坠甑"的典故说的就是这个道理：

东汉时期，有一天，一个年轻人挑着一担泥土制的甑（煮饭用的工具）在街上走着，一不小心摔了一跤。这时，只听得"哗啦"一声响，甑全都摔碎了。

年轻人从地上爬了起来，居然连看都没看，头也不回地走了。有位叫郭太的学者，对此看得一清二楚。他觉得这人也太怪了！东西摔坏了，为什么不看呢？于是赶上前问他："喂，小伙子，你摔坏了东西，为什么直接就走了呢？"

年轻人毫不思索地回答说："甑都已经摔碎了，为什么还要看它？再怎么看，它不也摔碎了吗？"他说完，便头也不回地走了。

其实，生活中这样的事有很多。很多人总是为了那些不可挽回的损失而烦恼、忧伤，而这已经无法挽回了，与其没完没了地烦恼，还不如将其忘掉，重新开始。

有两个学生参加高考，结果都失败了。其中一个女生平时成绩不差，考试后自我感觉也不错，因此，她没有失败的心理准备。落榜之后，她自然十分痛苦。虽然家长安慰了她，但她总是走不出失败的阴影。尽管又回到了原校补习，可总是缺乏自信，一年之后，仅仅上了一所专科学校。而同样落榜的另一位男生，却不是这样。他消沉了几天之后，很快就振作起来。他对安慰自己的父母说："这回我下定决心了，明年一定要考上一个好学校，绝不凑合，你们看吧！"在第二年的补习中，他朝着既定的目标努力，终于实现了目标，考上北京一所著名的大学。

可见，对待损失和失败的心态，往往影响一个人后来的成功。莎士比亚说得好："明智的人永远不会坐在那里为他们的损失而悲伤，而是努力弥补，将损失降到最小。"在失败之后，确实应该采取明智的态度。要想办法弥补，而不是沮丧、悲叹；要想办法重整旗鼓，而绝不是气馁、消沉。在梦想遭遇现实的打击时，你不必停下来去看那已经破碎了的东西，而应该心无旁骛地继续前进，鼓起干劲，做你应该做的事情。

第三章
为商就要爱商，请热爱你的事业

热爱商品世界

在封建社会，读书中举、谋官晋爵是文人的社会理想，在那个时代广受推崇，于是，几乎所有人都以做一个文人为荣，而经商则为人所耻，文人以"义"的代表自居，对"利"的代表——商人大加挞伐。文人之轻视商人，较之官僚往往有过之而无不及。就是个体文人，对个体商人也通常无所顾忌地加以侮辱。

或许正是这种重文轻商的传统观念，使得我国几千年来虽然文化昌盛，而商业却很少达到极盛的状态。在商业这块领域中，旧时人才相对缺乏。而在众人都趋向于从文进而做官时，胡雪岩却反其道而行之，不走"范进中举"之路，以自己的聪慧驰骋于当时人才缺乏的商场，从而迅速地在商场中占有一席之地，成为一代豪商。

很多人想当然地认为，胡雪岩经商是因为贫苦的家庭环境所逼迫。另外还有一种版本，说他最初就出生在官宦世家，饱读诗书；甚至还说他出生时，口中含着黄金。

其实，这些不过是人们对于敬仰的人的一种神化。真实的胡雪岩的生平，远没有人们说的那般神奇，但也没有那么落魄。

胡雪岩刚出生的时候，父亲胡鹿泉是在杭州的一个小官吏，虽然官位不高，但家里的生活条件还不错。后来，母亲一连生下3个弟弟，胡鹿泉又殉职了，孤儿寡母的日子顿时陷入了水深火热之中。

在胡雪岩的家乡，胡氏宗族算得上是显赫家族，族中曾有人在京城做大官，可是到了胡鹿泉这一代就大不如从前了。族里的人都希望胡鹿泉能够干一番大事业来光宗耀祖，可现在人死了，他们就把罪过算在了胡雪岩母子的头上，不让他们来族里祭拜。这样的做法深深地刺痛了胡雪岩的自尊心，他想，自己以后一定要干出一番大事业，让那些曾经看不起自己的人都后悔今天的所作所为。事实证明，立大志让胡雪岩成了商界"传奇"。

很多文献记载中都这样写胡雪岩："胡光墉，字雪岩。年少则不文，而乐于卑商。""光墉幼年即习于商。"这充分说明了胡雪岩对于经商的喜爱。

俗话说得好，干一行爱一行。人只有对自己所做的事感兴趣，才能用尽全力、持之以恒地将事业做好。

所以说，热爱自己的事业是取得成功的第一要素。今日的商人，在经济全球化的时代背景下，要全面、客观地认识经商与其他职业之间的关系，既不能自我贬低，也不能仗着财大气粗而贬低别人，而应发自内心地去热爱自己的事业。只有这样，才能把事业做大、做强、做好。

向上望，不甘平庸

诗人格斯特说："现在的自己永远是有待完成的。"我们只有向上望，不甘平庸，才能在努力中塑造理想的自我。只有拥有超越平庸的态度，才能成就非凡的人生。

胡雪岩12岁的时候，在放牛时捡到了一个包裹，里面全是金银财宝。正直的胡雪岩拿着这个包裹，等了好几个时辰才等到失主。失主张老板被胡雪岩拾金不昧的高尚情操打动，又见胡雪岩聪明伶俐，就有心收他为徒。

胡雪岩回到家里跟母亲说明了情况，母亲问他："出去之后，你有信心做好吗？"

胡雪岩答道："出去之后，我一定会干出一番事业。我不能放一辈子牛，让别人看不起。"母亲听了他的话，十分欣慰，就给他收拾了行李，让他离开了生活了十多年的家乡。

离开家乡后，胡雪岩就跟着张老板来到了他的店里。张老板在大阜开了一家杂粮行，专门为金华养猪场提供饲料。店里缺少人手，胡雪岩自然成了师兄们支使的对象。不过胡雪岩不管做什么事情都没有怨言。他总是很卖力地干活，争取把交代给他的事情尽快做好。再加上他聪明好学、诚实、没心计，所以大家都非常喜欢他。不到一年的时间，胡雪岩就被老板转成了正式工。

浙江金华是个产火腿的地方，每年的固定时间，金华的蒋老板都会来大阜收购饲料。

这一年，蒋老板如期来到大阜，但是由于舟车劳顿，他很快就病倒了。头脑灵活的胡雪岩被指派照顾蒋老板，从饮食起居，到煎药熬汤，胡雪岩都将蒋老板照顾得无微不至，甚至一些常人想不到的细节，胡雪岩也很用心地注意到了。

蒋老板对胡雪岩的印象很好，见他如此聪明，就想帮他一把。他向张老板询问胡雪岩的人品，知道了他拾金不昧的故事，更是对他赞赏不已，决定把胡雪岩带在身边，让他到自己的店里帮忙。

张老板将蒋老板的意思向胡雪岩说明了，让他自己做选择。

当时，胡雪岩从一个"菜鸟"转正成了正式工，在杂粮行里十分受尊重。熟悉的环境，再加上大家的喜爱，足以使他在杂粮行的发展顺风顺水，如果选择了金华，那就意味着一切都要重新开始。

是选择安逸的生活还是从头再来？胡雪岩心里想，眼前的生活虽然顺畅，可是没有更大的发展。要想干出一番事业，就应该去大地方，多见见世面。虽然开始的时候可能很难，但是只要用心做，一定会学到更多的东西。所以，他决定离开杂粮行，去更远的地方发展。

因为看得远，胡雪岩做出了正确的选择；也因为看得远，胡雪岩更加重视自身的积累，而不是眼前的安逸。有这样一句话：心有多大，舞台就有多大；眼界有多高，人生的格局就有多高。对于一个渴望成功的人来说，明白自己想要干什么、怎样才能走向成功，是事业发展的第一步。

胡雪岩不甘于平庸的态度，成就了他伟大的事业。可是，在生活中，有很多人不能摆脱平庸的命运，他们一生一事无成，只满足于过一种温饱无忧的生活：有一份稳定的工作，拿着微薄的薪水，每天总是做着同样的事，一直到离开这个世界。

碌碌无为的生活，会使人的精神和意志处于麻木与半麻木的状态，犹如待在没有星星与月亮的黑夜，没有风，没有鸟，一点儿声音也没有，除了死寂还是死寂。反观之，超越平凡、向前看、积极努力的人生才更丰富，从彩如同夏夜里绚烂的烟花。

一位飞行员这样讲述他的经历："有一次，我独自飞行在大洋上空，忽然看到远方有一团比黑夜更晦暗的风暴迅速朝我逼来，乌云立刻笼罩在四周。我知道无法赶在风雨来袭之前安全着陆，我俯视海洋，看看是否能冲出云层，匍行在海面上，但海洋在风暴的作用下掀起了汹涌的波涛。我知道现在唯一可行的出路就是往上飞。于是驾着飞机飞向高空，让它上升1000米、2000米、2500米、3000米、3500米……天空骤然变得漆黑如夜，大雨倾盆而下，冰雹像子弹一般落下。

"在4000米的高空中，我知道只有一条生路，就是继续往上飞。所以，我爬上了6500米的高空。忽然，我冲进一片阳光灿烂的福地，这是我从未见过的景象，乌云都在我脚下，光彩夺目的苍穹伸展在我的上空。这种景象似乎属于另一个世界。"

只有站得高，才能看得远。想要走远路，就不能始终望着自己的脚趾头。有了远大的抱负，改变你生命的视角，你就能看见一个不一样的世界，拥有一个不一样的人生。

胡雪岩拥有广阔的视角，所以注定了他与众不同的人生。仔细思考，我们每个人都有一个广阔的世界，心的格局可以很宽很大。一旦你的格局被放大，你的视角无限延伸，你的事业和人生也将上升到更高的层面。

胡雪岩的故事告诉我们，只有不甘平庸，不满足于现状，对生活有所追求，才能使人热血沸腾、干劲十足，走向理想的境地。也只有摆脱平庸，时刻准备努力拼搏，才能成功。

所以，从今天开始，重新审视自己，不要再故步自封，多朝前看，朝远方看，也许，你就会成为下一个胡雪岩。

第四章
成功的决定因素是自己

关于这一方面，在上一章"个人因素"中已有论述，在本章中，通过几个例子进一步说明自己的人生命运完全掌握在自己手中的重要性。

一个人事业的成败、人生道路的曲直、自己生活的快乐与否，有家庭、社会、个人和偶然等诸多因素左右、支配或影响着，但是，请牢记自己是命运的主宰者。

主观因素主宰着自己的命运

主观因素是指个人主观能动性、信念、理想、意志力、精神状态、人生观和价值观等，这些都是主观因素，是属于内因。家庭、社会和其他因素则属于外因。内因是事物变化的根据，外因是事件变化的条件，外因只有通过内因才能起作用。

所以主观因素，即自己是主宰自己命运的主人。其他因素对个人事业和人生道路的影响，不同的人是不一样的，尽管有时很重要，但它们终归属于辅助或次要的因素。

著名心理学家马斯洛曾说："心若改变，你的态度跟着改变；态度改变，你的习惯跟着改变；习惯改变，你的性格跟着改变；性格改变，你的人生跟着改变。"

这里说的"心"就是个人的主观意识，即思想意识，思维活动；你想什么，你追求什么。这里说的几个改变，全部是内心世界的改变。

你是一盏灯，这盏灯只有你才能点亮它，别人可以为你加油，可以为你打灯花，使你这盏灯燃烧的时间更长，燃烧得更旺。

你是一盏灯，这盏灯可以点亮你的事业，可以点亮你的人生，可以点亮你的婚姻。在这盏灯的照耀下，你可以把不快的忧伤变为沉醉的美酒，把午夜的黑暗化为黎明的曙光，会把你原本没有意义的人生变得有意义，变得轻松、欢快和豁达。

下面讲几个自己是一盏灯的小故事：

一个纨绔儿变成一个诺贝尔奖获得者

法国化学家诺贝尔奖获得者维克多·格林尼亚，原出身于一个百万富翁的家庭，是一个纨绔儿，花花公子。从小养成游手好闲，盛气凌人的习惯。在他的主观世界里，认为这一切就应该这样。但是，在他21岁的时候，却遭受了一次他完全没想到的严重打击。

在一次宴会上，他对一位年轻美貌的巴黎女郎一见钟情。他仗着自己长得英俊，有钱有势，便走上前去调情。没料到这位女郎却冷冰冰地骂道："请站远一点，我最讨厌被花花公子挡住视线。"这让格林尼亚涨红了脸，无地自容。

他满含着屈辱离开了家，只身一人来到了里昂。在那里他隐姓埋名，开始想自己的过去，开始想自己的未来，下定决心与过去的人生决裂，创造自己的新的人生：决定到里昂大学读书。

在里昂大学，他发奋读书，整天待在图书馆和实验室。在菲得普·巴尔教授精心的指导和自己的长期努力下，他发明了"格式试剂"，发表论文200多篇。1921年，获得诺贝尔化学奖。

维克多·格林尼亚从纨绔儿到化学家，是他的"心"变了，与纨绔儿决裂，走上新的人生，前后变化的主因是自己。那位巴黎女郎羞辱他，只是从外部狠狠地刺激了他一下。就是这个外因通过维克多内因发生作用，使事物发生了变化。

许多真人真事证明，朋友、敌人、仇人，都可能刺激你，激发你的人生观的转变。许多仇、恨、怨、不公、不平……其实问题都出自自己。这人世间最好的"报复"，就是像维克多那样，运用那股不平之气，使自己发生180度大转弯，使自己走上新路，使自己迈向成功。

信念的力量是巨大的

有一个病人躺在病榻上，绝望地看着窗外一棵被寒风扫过的萧瑟的树。他突然发现，在那棵树上，居然还有一片葱绿的树叶没有落掉。病人想：等这片树叶落掉了，我的生命也就结束了。于是他每天总是望着那片树叶，等待它落下，也悄然地等待自己生命的终结。但是，那片树叶竟然一直未落，直到病人身体完全恢复了健康，那片树叶依然碧如翡翠。

其实，那棵树上并没有树叶，病人看到的那片树叶是画家画上去的，它不是真树叶，但它起到了真树叶生动真实的效果，给了那位病人一个坚强的信念效果。病人真的康复了，他走出病房去那树下看个究竟。

他站在树下，被画家的用心感动了。

因为画家通过观察，了解到病人内心的秘密：画家知道他在等待树叶全部落掉之后，再悄悄地终结自己的生命。于是画家顺着病人的心思设计了这一片树叶。就是这片树叶，给病人不断注入活下去的勇气。

实际上，真正有生命力的不是那片树叶，而是病人的信念——支持他活下去的是自己拥有的那盏灯，画家的那片树叶只是为它加油和打灯花。

一个人有信念，就有了巨大的动力，它可以推动你去做别人认为不可能成功的事情。有了坚定不移的信念，就会使人产生钢铁般的意志和无穷尽的力量。生命是一艘巨轮，只要我们的信念不沉没，这艘巨轮就永远不会沉没。

我一定要站起来

一个小男孩很不幸，在一次大火中被烧成重伤，虽然医生全力抢救保住了他的性命，但他下半身变得完全没有知觉。医生告诉他的妈妈，这孩子以后只能在轮椅上度日了。

有一天，天气非常晴朗，刚下过雨，空气特别清新，妈妈推着他到院子里呼吸新鲜空气，然后她就离开了。一股强烈冲动，自男孩心底涌起：我一定要站起来！他奋力推开轮椅，然后拖着无知觉的双腿，用双肘在草地上匍匐前进，一点一点、大口喘气、艰难地往前移动，就这样不知花了多长时间，爬到篱笆墙边。接着，他竭尽全身力气，呼哧带喘、摇摇晃晃、吃力地抓住篱笆站了起来，尽管很痛苦，但很兴奋，总算站起来了……信心来了，试着抓住篱笆练习行走，没走几步，就大汗淋漓，他停下来喘口气，咬紧牙关又拖着双腿再次往前走，一直走到篱笆墙的尽头。

就这样，每天这个男孩都要紧紧抓住篱笆墙练习走路。可是一天一天地过去，他的双腿仍然没有任何知觉。但他不甘心困于轮椅上的生活，他攥紧拳头告诉自己，未来的日子里，我一定要靠自己的双腿来行走。练啊，练啊！不知过去了多少时日，终于在一天早晨当他再次拖着无力的双腿，紧抓篱笆行走时，一阵钻心的疼痛，从下身传了过来。那一刹那，他惊呆了。他一遍又一遍地走着，尽情地享受着别人避之不及的钻心的疼痛。他多么想早一点享受这个疼痛啊！

从那以后，男孩的身体恢复很快。先是能够慢慢地站起来，扶着篱笆走上几步，渐渐地便可以独立行走了，最后一天，他竟然在院子里跑了起来。自此，他的生活与正常的孩子再无两样。在他上大学的时候，他还被选进了田径队！

这个故事的主人公就是葛林·唐汉宁博士，他曾经跑出过全世界最好的成绩。

这个故事告诉我们，在很多时候，一些看似不可能的事情，只要我们向往和追求美好的未来，我们的精神就会大振，我们的信心就会大增，我们的内心深处就会爆发出强大的意志力，并勇敢地付诸行动，坚持不懈地做下去，奇迹就会发生。罗曼·罗兰说："最可怕的敌人就是没有坚强的信念！"

使命感——一曲悲壮的战歌

三文鱼洄游的故事非常感人，谁读了都会感到震撼。

三文鱼生命的轮回：生在河里，长在海里，成熟后再由大海逆向洄游到出生地，产卵孵化幼鱼。继承祖先的传统，完成生命的一个轮回后悲壮地死去：使命感——一曲悲壮的战歌。

三文鱼的一生，是动物界中绝无仅有的一曲震撼人心的绝唱。

据资料介绍，全球只有北美加拿大、阿拉斯加和北欧的挪威、冰岛等地才可观赏到三文鱼洄游奇观。以阿拉斯加为例，每年的8月是三文鱼洄游产卵的第一个高峰期，几百万条三文鱼成群结队、浩浩荡荡地从太平洋逆向而上，游历数千公里，进入阿拉斯加的凯奇坎河。由于独特的遗传，即便离"家"再远，三文鱼也能找到自己的出生地。洄游路上越接近河流上游，地势越高，水流越急，波浪越大，三文鱼洄游的坎坷、障碍也就越多越艰难。

沿着凯奇坎河向上游望去，一道道矮矮的阶梯式水坎，形成了一道道水坝，水流湍急波浪起伏，成了三文鱼洄游的一道道的屏障。一些三文鱼几次冲刺跳坎，都被水流冲下，但它们并不气馁，不甘失败，稍作休息，再作尝试。

许多三文鱼游过漫长的旅程，由于不断奋力蹦跳，造成血管崩裂，全身变红；又因出海后久不进食，嘴巴已经变形，呈鹰钩状，即使十分饥饿也无法进食。在洄游途中许多三文鱼被饿死或被累死。

三文鱼洄游的过程极其艰难痛苦，可以说是一场悲壮之旅。然而这种难以想象的艰辛和忘我，才使其得以繁衍生息。

经过九死一生的拼搏，进入产卵水道的三文鱼都是成双结对，每一对三文鱼都要寻找一块自己的领地，然后奋力在水底挖坑，雌鱼把卵产在坑里。一般来说，一条雌鱼可产卵3~4000枚。雄鱼迅速跟过来在这些鱼卵上射精。受精后再与雌鱼一起用石块覆盖这些受精卵。排卵授精之后，三文鱼已经精疲力竭，它们为完成祖先遗传的传宗接代，进行生命的最后一搏。

三文鱼离"家"越近，离死亡就越近，它们不远万里拼命赶路回"家"，就是为了这悲壮的一刻！

三文鱼洄游，是一段令人荡气回肠的历程，一个绽放灿烂的生命火花的仪式！一曲为了生存而做出巨大牺牲的生命悲歌！

三文鱼洄游的故事告诉我们：一旦目标明确，负有使命感，——在前进路上，无论遇到什么艰难险阻、多大牺牲，它们从不畏惧、不退缩，最大限度调动其积极性，以无比的勇气和顽强的意志力，战胜一切困难，到达目的地，完成使命！对三文鱼悲壮的生命，和义无反顺、视死如归的精神，谁都深深为之感动，这就是使命感的传奇！一个人要想事业成功，就应时刻牢记使命感，不管遇到多大风浪，也要勇往直前……

正确认识自己，发挥自己的特长

人贵在了解自己、认识自己，这是一种人生的美好境界。在这个世界上，从来没有"一无是处"的人，只要你仔细挖掘自己，就会发现自己的特长。陈省身之所以选择数学，是因为他发现自己在数学方面的优点。杨振宁是著名物理学家，他的特长是适于理论研究而不适于做实验。他在实验室工作20个月中，物理实验进行得非常不顺利，以至于当时实验室里流传着这样一句笑话：哪里有爆炸，哪里就有杨振宁。此时，杨振宁不得不痛苦地承认，自己的动手能力比别人差！

被誉为"美国氢弹之父"的泰勒博士一直在关注着杨振宁。一天，他直率地对杨振宁说："我认为你不必坚持一定要写一篇实验论文，你已经写了一篇理论论文，我建议你把它充实一下作为博士论文，我可以做你的导师。"杨振宁听了泰勒的话，心情十分复杂，因为他从心底深处确实感到自己做实验力不从心，但是他不甘服输，非常希望通过写一篇实验论文来补充自己实验能力的不足，同时也改变一下同学、老师对自己实验能力差的印象。

杨振宁认真思考了两天。他想了以往许多手工课，做出的东西大多都是"四不像"，他不得不承认，自己的动手能力实在不行。杨振宁接受了泰勒的建议，决定放弃写实验论文。从此以后，他毅然决然把主攻方向转向理论物理研究……最终他与李政道联手摘取了1957年的诺贝尔物理奖。

法国文豪大仲马在成名之前，穷困潦倒。有一天他跑到巴黎，想通过他父亲的朋友找一份工作。

他父亲的朋友问他有什么技能，他回答没有。又问他：数学、物理、历史、财会、法律等知识，他回答说："不懂"。

大仲马很害羞，满脸通红地说："我真惭愧，我从现在起一定要努力学习，设法补救。"他父亲的朋友说："可是你要生活啊，将你的住处留在这张纸上吧。"大仲马无可奈何地写下了自己的住址。他父亲的朋友拍手道："你终究有一样长处，你的名字写得很好呀！"

大仲马成名前认为自己"一无是处"的时候，别人却发现了他的优点——字写得好。也许有人会说，这不算什么！但是优点就是优点，你便可以此为基点，扩大你的优势范围，名字写得好，字写得好，文章为什么不能写好？我们每一个人，特别是悲观的人，切记不要把优点的标准定得太高，而对自己的优点、长处，视而不见。一定要找出自己的优点和长处。不要死盯着自己学习不好，没钱，相貌不佳，家庭没什么背景等不足的方面，你应该看到自己身体好，嗓子好，跑得快，跳得高，或会摄影、画画，书法好……要发现自己特长，然后找机会去发挥这些特长。要上《星光大道》、要上春晚、要当科学家、要当作家等的人，他们都是发现了自己的某些特长后，积极、刻苦训练，然后去寻找展现自己特长的舞台。大仲马就是受到他父亲的朋友的鼓励——字写得好，经过一番努力之后而成为文豪的。

在这个世界上，从来就没有无用之人，你只要挖掘自己，终究也能找出一个长处，你可能就是用这个长处，使你的人生熠熠发光。

人生之路，重要的是选择一条适合自己走的路。如果你发现自己的优点和长处——你的发光点，又选对适合你走的路，你就能发挥你的聪明才智，实现自己的人生价值。

20世纪20年代末，美国经济大萧条、大衰退时候，里根在一家公众游泳池做救生员。他经济拮据，无方向感，一事无成，不知所措……有一天，当地的一位名人爱斯杜拿到那里游泳，与里根闲聊起来。这位先生一向以乐观自信著称。

"经济衰退的情况不会是永恒的。有志向的年轻人应该懂得把握好这个时机，在这段时间内学习创业的窍门；当经济开始复苏，机会的大门便会打开，而这些懂得把握时机的年轻人便会成为国家未来的主人翁。"爱斯杜拿对里根说。

里根当时想得最多的是是否会很快失业，根本没心去听"过分乐观"的未来。

"年轻人，你喜欢在未来数十年做些什么工作？"爱斯杜拿没有在意里根无奈的表情，继续追问。

"先生……我没有想过。"刚刚满20岁的里根怯懦地说。

"没有想过现在就要好好想一想。"爱斯杜拿接下来的一番话，对里根的人生有着决定性影响。"你要相信自己——只要你肯做，你就会做到。每一个人都可以有美好的将来——只要他肯敲门、肯尝试、肯努力。"

就是因为这几句话，堪萨斯州的洛维汝公园少了一个救生员，而美国多了一位伟大的总统——由穷救生员到演员到加州州长到美国总统，里根终于实现了人生的超越。

一个人挖掘自己的特长是至关重要的。一个人的特点，实际就是爱好，即最感兴趣的东西。千万要记住：毅力、勤奋、入迷和忘我的出发点实际上在于兴趣。有了强烈兴趣自然会入迷，入了迷自然会勤奋，有毅力，最后达到忘我。的确，一个人无论做什么工作，只有有了兴趣，他才愿意去干，才能最大限度地发挥思维力、想象力和创造力，所以在认识自我时，一定要了解自己的兴趣所在。

凡事多问几个为什么，不要把财富拱手让人

下面两个故事的主人公，对自己的古董、自己的科研成果，由于没有多问几个为什么，把价值连城的财富拱手让人。

故事一

有一位农民，在他家门前有个不太小的池塘，池塘里有一

块大石头。池塘里水多了，石头几乎就看不清楚了；水少了，上面露出一块看似规则的部分。据说池塘里这块石头已有很长时间了。这位农民年年在池塘里作业，他很讨厌这块石头，因为它经常碰伤人和农具……他很想把这块石头搬走，可是他组织邻居帮忙，尝试了几次也无法从泥沼里弄出来。

这位农民一直认为这块石头是地地道道的一个包袱，从来就没有想过，这块石头会不会是个"宝"？

有一天有一个城里人，蹲在池塘边很认真地看这个大石头。他发现这块石头形状不一般，他下池塘想看个究竟。他在石头周遭摸来摸去，陷进泥里的部分，用手挖挖摸摸，发现这块石头好像是个"东西"。

正在这时，主人从家里出来，看见有人对这块石头感兴趣，很高兴，就问："你想要这块石头吗？"城里人回答："我只是路过，顺便看看。我想问你，这块石头在这里有多长时间了？"

主人说："我听我爷爷说，从他记事起它就在这里。"城里人问："你想卖这块石头吗？"

主人一听这话，心里想要有人把石头搬走就太好了。于是，他说："你要想买价钱可以商量。"

经过一番商量，主人同意一银圆把石头卖给城里人……城里人动用一些机械和车辆，把满身都是污泥的石头运走了。

过了一段时间，这位农民进城办事，看见一栋房子门前人头攒动，他停下来想看个究竟，听大家说这栋房子里有一个漂亮的石雕在展览，参观票两银圆一张。大家在争着买票，他也排队花两银圆买了一张票。然后随大伙进去参观。

这位农民走到石雕前一看，吃了一惊："这不是我家池塘里那块石头吗？我一银圆卖掉，现在花两银圆一张票来看看……"心里说不出啥滋味……这块石头的确是一座精致的石雕，因为头部长期深深地扎进污泥里，只有底座露出水面一点，它的"真面目"谁也没见过。城里人实际是一个收藏家，凭他的经验——从露出水面像是加工过的底座来看，它应该是个"东西"。究竟它是不是一个很有价值的艺术品，当时他也不清楚，不过可以肯定它不是一块普通的石头。

这个故事告诉我们，对每件事情都要多动脑筋想一想，多问几个为什么。作为一个农民，固然无法判断这块石头有无艺术价值，但是当有人仔细观察和在石头周遭摸来摸去时，这位农民就应该想到，这块石头为什么会引起一位陌生人的兴趣呢?

故事二

一个人事业能否成功，一个人能否致富，都决定于个人的主观能动性，个人的主观判断和自我坚持。1951年，弗兰克林首先发现脱氧核糖核酸的螺旋结构，但因受到科学界"强人"的责难，他对自己多年的研究成果也产生怀疑，他竟然放弃研究成果并承认这个发现是错误的。后来另外两位科学家在1953年重新发现这一结构，并因此而获得了诺贝尔奖。如果弗兰克林多问几个为什么，认真仔细检查自己所做的实验和计算，没有发现错误，就要勇敢地坚持自己的发现、自己的研究成果、坚持真理，不畏惧所谓的"权威""强人"，弗兰克林就是诺贝尔奖获得者，他的人生就不是一般科研人员的人生，而是辉煌、伟大的科学家的人生，在生物学史上将记录他的杰出贡献。

弗兰克林由于意志薄弱，被所谓"权威"吓倒，不敢坚持自己的信念和伟大的发现，而将自己在生物学上划时代的发现拱手让人，多么令人痛惜！战胜自我，相信自己，敢于挑战所谓"强人"、所谓"权威"，你的创业、你的科研，才能勇往直前；你的财富、你的资源才不会拱人让人或轻易被人拿走。

不想让别人看不起，就得让别人打心底佩服你，不论在工作、感情还是在学习中，都不能因为别人的一句话而否定自己或丧失信心，尽管他们嘲笑你、瞧不起你，但是都没什么关系，你现在唯一能做的就是比他们更优秀，现实是只看结果不看过程。

事业成功的决定因素是自己，排除外界干扰和利用外界有利因素，也是靠自己。不管什么时候，不管什么情况下，牢牢记住，主宰自己命运的是自己；在人生路上永远不要忘记，自己始终是主人。

成功的秘诀之一，就是攥紧失败的手，然后百折不挠地坚持下去，刚毅的意志力和强烈的成功的欲望，永远是成功的不二法则……虽然屡屡失败，却有一颗不甘于失败的坚定的恒心，让你不停地走下去，成功的曙光就要出现在地平线上了。

牢记自己是改变自己命运的主人

一个人命运的起点，例如你出生的时代、环境、家庭、父母的遗传基因，包括你的智商等，你是不能选择的，也不能改变，而人生命运的起点和终点之间——人生的漫长过程——却充满着无数个可以改变的机会，这种人生命运的改变的机会或因素，完全掌握在自己的手中，自己是改变自己命运的主人。在这里我想讲一个小故事。

有一位年轻人由于家境和环境不好，对自己的人生很没有信心，常常找"算卦先生"算命，结果是越算越没有信心。他听说山上寺庙里有一位了不起的禅师，一天，他带着对命运的困惑去拜访禅师。他问禅师："这个世界上真的存在命运吗？大师请回答我。"

"是的。"禅师回答说。

"噢，如果真的存在命运的话，我是不是注定要穷困一生呢？"他问。

禅师指着年轻人的左手说："把手伸开。你看这条横线叫爱情线，这条斜线叫事业线，生命线则是另外一条线。"

禅师让他做了一个动作，把左手慢慢地握起来，紧紧地握住。

禅师问："现在，你说这几根线在哪里？"

那人困惑地说："在我的手里啊！"

"那命运呢？"

年轻人终于豁然开朗，原来命运握在自己手中！

许多人像这个故事中那位年轻人，不去努力没法去改变自己的人生命运，而老是耿耿于怀，埋怨自己人生命运起点这不好，那不好。

印度前总理尼赫鲁说过如下一句话："生活就像玩扑克，发到手里的是什么牌是定了的，但你的打法却完全取决于自己。"美国前总统艾森豪威尔年轻的时候，一次玩牌，抓了很不好的牌，很不高兴抱怨手气不好。旁边的母亲对他说："如果你要玩，就必须用手中的牌玩下去，不管那些牌怎么样！"接着母亲又说："人生也是如此，发牌的是上帝，无论怎样的牌你都必须拿着，你能做的就是尽你全力，求得最好的效果。"

在这个世界上，很少有人天生就得到一副好牌：显赫的家庭背景、优越的环境条件、强壮的身体与充沛的精力、超常的智商以及其他天生的幸运等。事实是绝大多数人都出生在一个普通的家庭、一个相同的时代，而环境又极为相似，也就是说我们握的都是上帝发给的牌。人生的命运就是一副牌，谁都不掌握发牌权。如果我们把自己所处的现状、所遇到的坎坷看成是上帝发给我们的一副牌的话，那么"打好手中的牌"就是我们能做的唯一的选择。

例如海伦·凯勒，是一个非常不幸的小女孩，在一岁半时因患猩红热而双目失明、两耳失聪，从此小海伦进入了无光、无声的世界。面对上帝发给她的这张"坏牌"——可以说是上帝发给世人的"最坏的牌"，面对最坏的人生命运的起点，她能改变吗？不能，只有认命。可是我们都知道，她在残酷的人生命运挑战面前，没有退缩、没有沮丧、没有沉沦，以顽强的意志、毅力和恒心，与上帝给的这张"坏牌"作殊死斗争，经受了常人难以想象的严峻考验，对人生充满信心与期待，与命运抗争，以强烈的愿望改变命运。海伦·凯勒为学会识字——父母为她请了当地最优秀的家庭教师安妮·莎莉文，教她学摸盲文，她不分昼夜，像一块干燥的海绵吮吸着知识的甘露。海伦拼命摸读盲文，不停地书写单词和句子，她是这样如饥似渴，以至小小的手指头都摸出了血。莎莉文老师心疼地用布把她的手指一一包扎起来。就这样，她学会了阅读、书写和算术，学会了用手指"说话"，顽强拼搏打开了海伦的眼界，增强了海伦生活的勇气和信心，她有时在公园中漫步，有时和朋友一起在水上荡舟。她在想象中感受着这个世界。

小海伦认识到改变自己的命运，只有靠自己，要活得潇洒、有意义和有价值，就必须学会说话，能和别人交流。小海伦10岁的时候，非常强烈地想开口说话。父母为她请来了盲哑学校的萨勒老师。萨勒发音时，要海伦把手放在她的脸上，用感觉来判断萨勒舌头和嘴唇的颤动情况，以此体会怎样发音。这种完全靠触觉学习说话的方法，其艰难程度是无法想象的。全凭触觉来学会所有大家常说的话，至今可能许多人仍觉得不可思议，真是难于上青天！而海伦竟奇迹般地上了"青天"，跨越了天堑……当夏天来临时，她说话的能力和常人没什么两样了。海伦放暑假回家时，大声喊道："爸爸、妈妈，我回来了！"一刹那间，爸妈紧紧抱住了小海伦，流下了兴奋、激动的泪水。

海伦追求着更高的人生目标，使自己的命运由苦难变得灿烂。1900年，她以优异成绩考入了哈佛女子学院，她成为该校第一位聋盲学生。海伦四年学习生活既快乐又艰苦，以优异成绩取得学士学位。

海伦在读大学期间，就撰写出版了《我的生活》，1908—1913年著《我的天地》（又译作《我生活中的世界》）、《石墙之歌》《冲击黑暗》……海伦一生共写了14部巨著，轰动了美国，影响了世界。《我的生活》被称为"世界文学史上无与伦比的杰作"。

海伦是著名社会活动家，一生为残疾人的福利和权利奔走呼喊，先后访问35个国家，发表演讲，访问医院，探访病人、伤病员，为聋盲人筹集资金，建立聋盲学校……她的精神感动了无数人，深受人们敬慕，成为人类的楷模。

海伦·凯勒好像注定要为人类创造奇迹，或者说，上帝让她来到人间，就是向常人预示残疾人的尊严和伟大。海伦·凯勒那不屈不挠的奋斗精神，她那带有极为传奇色彩的人生，却永远载入了史册，正如著名作家马克·吐温所说："19世纪出现了两个了不起的人物，一个是拿破仑，一个就是海伦·凯勒。拿破仑试图用武力征服世界，他失败了；海伦·凯勒用笔征服世界，她成功了。"

亲爱的青年朋友们，不要再抱怨上帝不公，不要再抱怨社会不公和其他自己所假设的种种不公。因为你再大的不公也很难大于上苍对小海伦的不公，既然小海伦都战胜了自我，使自己的人生命运如此辉煌，你还能拿出什么理由，说自己不能改变自己的命运呢？

一切幸福并非没有烦恼，而一切逆境、甚至令人绝望的逆境，也决非没有希望。你的命运是否改变、用什么去改变、何时改变……完全由你做主；只要想、强烈地想，并立即行动，即使遇到狂风暴雨也要坚持走下去……

第五章
成功源于理想

坚定的决心是成功的动力

诺尔玛·霍特玲焦虑地在旧金山第十六号街和第十七号街之间的一条破旧的小巷里徘徊，她想多拉几个客人以便凑足钱偿还自己的债务。当时是凌晨三点钟，她脑海中有一个想法强烈地刺激着她。她回忆道："我在街上拉客、注射毒品，无家可归，住在贫民窟里。但总有一天，我要走出这种现状，届时再将这些可怕的经历告诉世人。我要改变这一切。"

诺尔玛用手捋了捋头发，扮了个鬼脸，叹气道："当然，接下来我就否定了这个想法。我告诉自己：'你就是一个妓女，一辈子也改变不了。'"她头上还有手术缝合的伤痕，那是与皮条客打斗后留下的。每天早晨，她都会走进一家幽暗的旅馆，那里充斥着嫖客和瘾君子。"每次到那里，都是一场噩梦。那里气味难闻，杂乱无章，到处是注射毒品后亢奋而恍惚的无家可归者。你永远不知道你要走向哪里，尤其是在身无分文的时候。有的时候，我没有带针头进去，跟别人借了以后却又不知道应该到哪里清洗它。"接下来的几年，她试图摆脱那种生活，对海洛因和可卡因的毒瘾反复不止，最终她再次走进戒毒所，才把毒瘾戒掉。

当诺尔玛"金盆洗手"后，她的姐妹还曾逼迫她继续以前的生活。当她宣布要成立一个康复中心，开展一项帮助女性摆脱性交易、重返正常生活的"Sage计划"时，并没有征得市政官的同意。如今，诺尔玛把她的梦想寄托于旧金山教会区的几间小屋里。因为曾经做过妓女、皮条客和瘾君子，她感到自己远不够被称为领导者的资格。但是经历了"30年目睹朋友们死在那个肮脏的贫民窟的日子，使我觉得有太多曾经跟我一样的女孩需要帮助"。尽管她没有社会官员的身份参与拯救女性的行动，但她依然要去做。事实上，正是她不堪回首的过去，让她能够带领这些女性摆脱吸毒和卖淫的恶性循环。

不过，当诺尔玛努力克服曾经的陋习时，她没有意识到自己要去求助的人都认为她不能胜任这项工作。"世上最低贱的人是做过瘾君子和妓女的人。"她说。

事实上，当她迫切地需要他人的帮助来实现这项计划时，"她未曾想过的人却帮助了她"。她联络了那些积极生活的人们，这些人鼓励她为了理想而生活。随着时间的推移，越来越多的人开始支持她的事业。

由于追求理想的艰难以及自身的性格，许多缔造者都缺乏领导者应该具备的自信。他们犹豫不决，甚至焦虑和内向。但是，当问及什么才是他们最在乎的东西的时候，他们就像电影

《超人》中沉默且温和可亲的克拉克·肯特（clark Kent），走入电话亭——片刻之后跳出了一个超级英雄。无论诺尔玛对自身有着怎样的感受，她的理想本身就具有很强的吸引力，促使她克服各种艰难险阻，同时也扩大了她为之奋斗的战线，帮助她化解了因为自信心和知识不足而出现的一些困难。

诺尔玛的两眼炯炯有神，她继续说道："走到这一步，我决心要做下去，而且要做出成效，否则还不如现在就罢手。就是这么简单，同时也是那么艰难。"

"我非常脆弱，而且十分敏感，但是我要在这里付出我的全部；一遍一遍地在公众面前讲述我的私生活。我已经从事这项工作20年了，其中的辛酸可想而知。"她说，"我每次讲话时，总有一些冷漠无情的人很不屑我现在所做的事业。如果你看得开，领导者就好像殉道者。有时候，我以为只要把个人生活和当前的领导工作区分开来就能够适应，但结果却与我原先的期望大相径庭。"

"人的理想无法脱离生活。对我来说，脱离生活的理想是不健康的，也是不可能的，这与卖淫没有什么两样。那时，为了活下去并有一定的节余，你必须为你身体的不同部位设立一个收款箱，如嘴唇、胸部和下身。但是，这些部位是不能分割的，就像我的工作和我的生活无法分割一样。"她说。

"为了以健康的方式达到你的目标，你不可能假装是或者麻木得像一部机器，因为这样是没有用的。你要用心感受一切并利用它。我的工作并不是跟大家分享我的故事，只是因为我自己愿意这么做。即使我要不断地重复叙述它，那也不会再对我有什么害处。我的事业是我的生命。五年前，对于那种不堪回首的生活，我还会顾及别人的看法，因此，有些瞻前顾后。如今，我已经能从容应对，所以，有了更大的自信。"

"sage计划"已经取得了显著成效。合作三年后，韩国非营利组织领导人和政府官员邀请诺尔玛赴韩国访问，并对建立一系列新的法律制度起到了推动作用。"我听说有一群努力摆脱过去生活的女性愿意说出曾经饱受的折磨，而且不在乎社会怎样看待她们。"煞费一番周折后，诺尔玛最终找到了15名勇敢的女性。"我独自穿梭于世界，"她说："当我到达时，她们都跳起来，鼓掌欢呼，我们一起痛哭。她们说她们在世界的另一个角落传播'sage计划'的理念。我不再感到孤单。我一直在为我的姐妹们奋斗，而且要与她们并肩战斗。"

这就是她追求理想的动力。虽然有时也会彷徨，但那份信念每次都能令她确信理想远远胜过个人感受。她已经不在乎是否可以实现这个理想，只是想尽快帮助那些急需帮助的人。无论是不是由她来做，都要把这些事情完成。这个理想已经深深植根于她的思想，如果置身事外，她就会感到难过。

如今，她的感召终于得到世界的关注。诺尔玛获得了许多荣誉，其中一项是美国著名脱口秀演员奥普拉·温芙里设立颁发的"今生不虚度"奖。温芙里称赞"sage计划"是一项勇敢的义举，这项活动帮助数百名女性走向新生，帮她们脱离了犯罪、吸毒、卖淫和死亡。

"我的'精神顾问'就是那些死去的女性，"诺尔玛说，"每当我陷入恐惧和绝望时，我就会想起我的姐妹们，她们在我之前已为这个社会奉献了一生。"

成功者需要前进的勇气

　　"首先，要解放你的头脑。"罗伯塔·贾米森说。贾米森后来成为"格兰德河六部落"的酋长，格兰德河也是她的故乡。在上大学之前，她非常吃惊于土著人遭受的不公正待遇，于是放弃了攻读医学预科的理想，转而攻读法律，最后，成为加拿大历史上第一位获得法律学位的土著女性。贾米森承袭了其部落中和平解决争端的优秀传统，她是在加拿大提出调解优于诉讼的律师之一。如今，她是多伦多"全国土著居民成就基金会"的首席执行官。

　　"你一定得突破自己固有的思维。"她说道，"因为你不再是个囚徒了，你已不是那个人了，而是人类历史中的一员。你有权力做决定，与大家分享族人的智慧，你同样有权利跟别人分享你的才能。甩开束缚你的枷锁，不要折磨自己和他人，因为这样你自己也很痛苦"。

　　"你来到这个世上时，就带了一套工具箱，那是上天赋予你的才能和礼物。你的任务就是用这些工具为族人服务。如果你知道自己的选择将会影响七代的族群和国家，那么你一定会有很大的动力和能量。"贾米森两度受邀担任酋长，但她都婉拒了。最后，当她确信自己可以胜任这个职位时，才接受了这个位置。任期结束后，她又回到了一般的工作岗位："我不是一个权力至上的人，关键是要在需要你的时候伸出援手。"

与诺尔玛·霍特玲一样，贾米森成为领袖也是受其理想本身的魅力影响，弗朗辛·帕特森博士也属于这一类。对于"领导"一个组织，她始终无法做好，所以，她干脆用其他方式诠释它。

帕特森从小就喜欢悄悄地把蜥蜴和蛇带到卧室里，然后，看着看着就进入了忘我的境界，她想要知道这些小家伙们在想什么。"我完全被它们迷住了。"她说道，眼睛里闪烁着光芒。在斯坦福大学研究生院，当她得知自己有机会照看一只猩猩幼崽时，她非常激动。

"我难以置信自己有这样的运气，在见到这个小家伙之前的一整夜我都难以入睡。因为我就要和自己认为的终极动物猩猩见面了，所以，既紧张又兴奋。"那个时候，她不会想到这个临时的任务会影响她今后的30年。

没有人料想帕特森会像世界儿童名著中的怪医杜立德那样试图让猩猩学手语并且有所成就，这在科学界引起了一阵骚动。

"有些人专门召开研讨会来证明我们是骗子。"她叹着气说道，"一些学者和哲学家认为这是无法实现的事情，其中必定有问题。很自然，教动物学习人类的沟通方式是备受争议的，因为这在某些方面改变了世界观，所以，很多人会感到不适应。"因此，她的诚信遭到了人们无情的嘲讽。

"幸运的是，我能够忽视那些杂念，义无反顾地将工作进行下去。但是，并不是所有的同事都能这么做，一些人甚至能记住所有批评的确切出处。"在帕特森看来，仅仅因为受到他人的攻击而放弃自己的信念太不合算了。"那时，接二连三的攻击确实会让你沮丧不堪，甚至让你逃离。"

但是，她没有。30多年来，她的理想支撑她将全部精力放在猩猩"可可"身上。"可可"已经长到300磅了，它可以运算数学题，绘制一些作品，还可以用1 000个手语表达自己的想法。也许你在《国家地理》杂志封面上看到一只猩猩小心翼翼地抱着一只小猫咪的画面，那只大猩猩就是"可可"，她扭转了世人对野生动物的看法。

对于帕特森来说，整日与"可可"在一起是她最大的乐趣，而向他人寻求帮助则令她苦恼。

"我每次举办会议时总会有很多人来参加。从心理上讲，我感觉自己完全是一个乞丐，不得不向这些富豪、大亨们寻求帮助来支持自己的理想；我必须向人们说明情况有多么急迫，我必须一对一地跟他们沟通，那确实令我害怕。"

唯一帮助她走过千难万险的就是她的信念，坚信自己的理想。帕特森厌恶向人寻求帮助，每次响起的电话都让她忐忑不安，连声音都在发抖。当在电话中遇到有可能提供赞助的人士时，她就会心花怒放："距午夜还有一分钟，我们就要失去它了。"她说道："到了12点。人类的近亲大猩猩将要死去，我们将永远地失去它。"今天，由于彼得－加布里埃尔、斯汀以及罗宾·威廉斯等名人的支持，这项工作得以顺利开展。

理想的力量不可估量

最近，魅力型领导的提法让人们颇不以为然。然而，有一个关键点或许被批评家们所忽视：不管你羞涩、谦恭、外向还是咄咄逼人——这些都不是问题。取得成功的决定因素并不是个性，关键是你怎样发挥自己的个性。无论你的自我意识强弱与否，都会产生各种问题，这是无法避免的。缔造者们有各种各样的个性，也有着不同的心理问题，就像菲尔博士所描述的那样，一些人是内敛的，而另一些人则咄咄逼人，对他们的态度取决于你是否在意他们所关注的事。如果恰巧志趣相投，那么他们在你眼中就是一群有趣的人；否则，你会觉得这些人看上去不那么顺眼。

缔造者与其他人的本质区别在于：他们找到了自己最重要的事，并激情洋溢地投入其中，他们可以摆脱个性的枷锁，扫清前进的障碍。他们做的事情都是意义深远的，而且这些事业本身都富有超凡的魅力，他们一旦投身其中，就全身充满了干劲。

对成功人士而言，不管是内敛的人，还是咄咄逼人的企业家，支撑他们活下去的都是理想。同时，理想也是他们奋斗的动力。理想召唤着他们，他们也从理想中得到了新的力量。当这种情形体现在你身上时，一个更加强大、充满活力的"你"即将登场。

祖籍台湾的工程师黄仁勋拥有数十亿美元的资产，他是显卡制造商Nvidia公司的创始人兼首席执行官，是一个内向但又雄心勃勃的人。但是，当他走向电脑屏幕前向你展示其团队努力的成果时，他的风格就会完全改变，他的表现仿佛是在神坛前跪拜。对于其团队打造出的这些成果，他在内心里充满了敬畏之情。实际上，是对理想的追求让他感到敬畏，而追求这个理想所激起的热情让他看起来充满了魅力。

尽管轻声细语的黄先生声称他宁愿"跟孩子在家里玩耍，或者与妻子静静地坐在一起喝红酒"，但却没有丝毫要离去的意思，因为他正在谈论自己喜欢的话题。当你正在进行自己最感兴趣的内容时，你的魅力也会油然而生。当你有勇气与他人分享你的激情时，他人就会追随在你身边。按照彼得·德鲁克的说法，这是成为领袖的关键。

学会让梦想插翅飞翔

美国西南航空公司创始人赫布·凯莱赫就是一个很好的例子。他偶然发现了一个改变自己原有律师生涯的事业，美国航空业也因他的这个事业而改变。当时，凯莱赫是一名外聘律师，为一位企业家开办的航空公司服务。后来，他成了共同创办人之一。

让他产生这种转变的原因是，他认为美国大多数航空公司的票价都太高，他想改变这种不公的局面。这看起来或许算不上是道德义务，但是凯莱赫觉得是这样。他愿意为了实现这个愿望付出代价，做出牺牲。他鼓起了自己的全部勇气，离开了律师这个职业。

如同其他缔造者一样，他对自己的理想投入了全部精力，由知名律师变成了商业领袖。他也不曾料想自己的热情会让他成为全球备受推崇的企业领导者。在他的管理风格中包含了非同寻常的智慧和自嘲式的幽默，但其他企业者很少有这种能力。他也没有料到，当其他航空公司纷纷濒临破产之际，他所在的航空公司却能蝉联最赚钱的航空公司。同时，其客户服务也受到人们的赞许。

然而，有一点通常很少被人们重视，凯莱赫最初不得不面对无休止的诉讼案件，因为竞争对手们一直想逼迫他退缩。在政府主管部门批准他的西南航空公司申请的第二天，布兰尼夫航空公司就提起了诉讼，结果西南航空公司败诉。接着，又在上诉中败北。凯莱赫说服了公司董事会，坚持上诉到德克萨斯州最高法院，最终赢得了胜利。经过5年的艰苦努力，凯莱赫最终实现了写在纸巾上的商业计划，让西南航空公司正式进入轨道。

想象一下，如果你离开优越、稳定且备受尊敬的职业，去重塑另一个行业，那就可能成为被攻击的对象，在数年里为了达到目标被弄得头破血流，这确实令人痛苦不堪。然而，开拓者们都会遇到这样的情况。凯莱赫秉承当年成为律师的初衷，坚持伸张正义，为西南航空公司讨公道，不是为了达到所谓的成功，也不是为了获得权利、名誉及财富，而是为了实现自己的理想。他深信自己的理想具有感召力，他强调说，"这使他的热情无比高涨，能够做出不同寻常的事"。布兰尼夫航空公司早已退出历史舞台，但是，西航公司却正处于事业的上升期，并且重新定义了航空业的低价市场，在全球掀起了一股热潮。

先驱者不一定能最终实现理想

律师玛娃·柯林斯每次向教育者们介绍她的新教学方法时都会碰壁。"如今，每当我去学校推广我的教学方法或者谈合作时，依然要面对巨大的困难：许多教师都不理睬我，或者对我不友善。但是，这种态度不是针对我，而是他们对自己不自信。"她坦言道。

"因此，我学会了从不同的角度看问题。如果你一直在意别人的看法，那你永远不会进步。如果你没有进步，你就不会有所成就。"她说的问题的关键是，他们的理想对他们自己没有任何感召力。

柯林斯悲叹她早年的教师生活："其他教师嘲笑我，甚至连校长都对我说：'你的问题是，你不能忘记这些学生不是你的孩子。他们来自有犯罪前科的家庭，他们的问题不是一天形成的，你不能对他们期望过高。'"

"当我在人们习惯说'这些孩子有这样、那样的问题'的环境中逆势而为，又告诉他们这些孩子的优点时，他们当然听不进去。"因此，在经过了14年的努力，看到人们对孩子们的看法依然没有改变后，柯林斯便自掏腰包创办了学校。

后来，她改变了芝加哥的公共教育体制。她在教育"无可救药的"孩子方面表现出色，连里根总统和布什总统都很赞同她的成就，甚至邀请她担任教育部部长，但她还是选择了继续教学。今天，美国众多社区的教学都采用她的教学方法。

坚信自己是世界上无可替代的一员

柯林斯认为，只要能让那些孩子相信世界因他们而精彩，他们就很可能会让世界发生变化。《白鲸记》（Moby Dick）里有一句话："'在这个危机重重的世界里，我们都需要坚持一些东西。'问题是我们没有给孩子留下可坚持的东西。——你不应该沉迷于电脑和游戏以及著名设计师设计的服装，也不应该标榜自己如何可爱或如何英俊，你必须坚持这样的信念：不管你走到哪里，都要把握自我。"那个自我听到了你发自内心的呼唤，就会告诉你生命中最有意义的事情，也会告诉你哪一条道路可以让你找到人生的意义。

当你到达接受自我、认清自我的境界，做自己热爱的事情时，你就有走向成功的可能。

　　"我向那些参加培训的教师提出的第一个问题就是：'这孩子有哪些不好的地方？'我得到了一堆冗长而枯燥的答案。"她说，"然后我再问他们：'孩子的父母有何问题？'答案更是五花八门。第三个问题是：'你作为一个老师有何问题？'当然，我的问题让他们面面相觑。我们怎么会没有办法帮助孩子们？我们必须从自身开始找问题。如果你以'这些孩子、那些家长、那个校长什么都不懂'等负面看法为出发点，那么你对他们永远没有多大帮助。"柯林斯认为："你不仅要认识到理想能为你带来什么，还要知道你可以为理想做些什么。"

自信心是需要培养的

　　有一些罪犯在自信心测试中获得高分，而一些圣人的情况则恰巧相反。玛娃·柯林斯希望父们、孩子们和老师们知道，其实他们每个人很不错。但她不鼓励他们等待自信心的到来，也不认为他们对成功的看法是理所应当的。成功跟自信心的强弱无关，关键在于努力的程度。

　　当一个学生考得很差时，柯林斯不会认为这很糟糕，或者给这个学生打不及格，然后置之不理。相反，她会找这个学生谈话："你希望这份答卷值50美分、50美元还是500万美元？"

接着，她会告诉这个学生如何达到这三种结果。

她说："在我们教育的孩子中，有些人生活得很幸福。他们可以走捷径或采取轻松的方法，但这样做恰恰使孩子们失去了培养更多信心和技能的机会。我们没有教孩子们如何渡过难关，这也是一些孩子走向歧途的原因。我们一定要告诉他们：人生不如意十有八九，应该如何度过这些困境，等等。"

"成功的道路上也并存着失败。"柯林斯说。当然，这可能是一种陈词滥调，但它也是一个事实。缔造者相信困难能让你更加努力地迈向成功——从表现平平到卓越非凡，同时也考验了你到底在意什么。"犯错是无法避免的，如果你要尝试任何值得去做的事，那就不要有太多的负担，要超越阻碍，认清自己也可以成为出类拔萃之士。"

不要等着你认为准备好的那份天才自信心出现。缔造者们强调，自信心源于尝试、失败、再尝试、再失败，只要每一次都能小有成就，就能把工作做得更好一些。当一项事业对你有吸引力，能够推动你突破艰难险阻，挥洒激情，涉足你从未接触的事情时，自信和毅力也就应运而生。

生意气度，源自你的眼光

"谋事在人，成事在天。"这句话在中国流传了几百年，透露出的是中国人的宿命论观点。同时，这句话也是人们在某件事失败时的自我安慰。其实就是一种不自信的表现。而胡雪岩却反过来说，谋事在人，成事也在人，表现的恰恰是一种自信。正是因为具有这种自信，胡雪岩才成就了一番伟业。

开办钱庄，不是胡雪岩一时冲动做出的决定，他是有事实依据的。因为他在信和钱庄当伙计了当了很多年，对钱庄的操作方法了如指掌，同时，他也通过经手各种业务的往来，得知钱庄是一种暴利的行业，只要你有资本，把钱庄开办起来，赚钱是很自然的事。

胡雪岩开钱庄的自信就源于这份知己知彼，他以后的生丝生意、军火生意、药店等，无不以这种知己知彼的自信为基础。正是因为有这种自信，所以胡雪岩每进入一门行业，都能成功，并且是大成功。

胡雪岩能取得成功，自信只是一个方面的前提条件，他还具备许多其他方面的能力，比如，他具备成就大事业的能力。后来他与洋人打交道，做军火、生丝生意，尽管刚开始他是这方面的门外汉，但是一段时间之后，他比任何人都了解这些，真正地成了这方面的专家。

同时，他还具备成就一番事业的客观情势，也就是人们通常所说的地利、天时或时势、机遇。王有龄的上台，为他提供了开钱庄的官场靠山，这是信和钱庄所不具备的；而王有龄死了之后，左宗棠又为胡雪岩提供了官场靠山，所以他的军火生意才能做得那么红红火火。这些都是促使他成功的必要条件。

古往今来，凡是想成大事、能成大事者，都有大自信。所谓"当今之世舍我其谁""天生我才必有用""人所具有的我都具有""会当水击三千里，自信人生二百年"……这些名言展示的都是有大成就者的豪迈胸怀。

日本三洋电机的创始人井植岁男讲过这样一个真实的故事。一天，他家的园艺师傅对他说："社长先生，我看您的事业越做越大，而我却像树上的蝉，一生都坐在树干上，太没出息了，您教我一点儿创业的秘诀吧。"井植点点头说："行！我看你比较适合园艺工作。这样吧。在我工厂旁有2万坪空地，我们合作来种树苗吧。""1棵树苗多少钱能买到呢？"

"40日元。"井植又说，"100万日元的树苗成本与肥料费用由我支付，以后3年，你负责除草施肥工作。3年后，我们就可以收入600多万日元的利润，到时候我们一人一半。"听到这里，园艺师却拒绝说："哇。我可不敢做那么大的生意！"最后，他还是在井植家中栽种树苗，按月拿工资，白白失去了致富良机。

人们常常会用"胆量"这两个字来说明敢想敢干、敢作敢当的精神。在复杂的社会生活中，我们需要面对许多问题和矛盾，处理这些问题，解决这些矛盾，需要有经验、有智慧、有谋略、有才干；同时，还有一样东西也是必不可少的，那就是胆量。胡雪岩说过："我是一双空手起来的，到头来仍旧一双空手，不输啥！不仅不输，吃过、用过、阔过，都是赚头。只要我不死，我照样能一双空手再翻过来。"

谁敢为人先，谁就占了一半赢面

如今，谁都知道螃蟹美味可口，然而，第一个吃螃蟹的人一定是带着冒险精神去尝试的。在商业竞争中，有远见的人总是采取开拓型的经营决策，争取主动，获得比竞争者领先的优势，从而出奇制胜。

1840年，鸦片战争爆发，英国与中国签订了中国近代第一个不平等条约——《南京条约》，列强见有机可图，于是纷纷来侵略中国，随之而来的是一系列不平等条约的签订，这些条约逐步打开了中国的海禁。

中国的海禁一打开，洋商纷纷涌入中国，办银行的、修铁路的、卖军火的……各式各样。洋商也很喜欢中国的生丝、茶叶、瓷器，因为这些在西方很畅销。所以，和洋人做这种生意肯定很赚钱。

但当时的中国商人没有几个能抓住这种商机，一方面是因为语言不通，另一方面则是因为对洋人产生了两种极端的态度：一种是认为洋人是野蛮人，茹毛饮血，未经开化；另一种则是因为洋人的坚船利炮接二连三地让这个做着天朝上国美梦的国家吃了败仗，一见到洋人就腿软骨酥，称之为父母大人。这两方面的原因致使中国商人不敢与洋人做生意。

　　而胡雪岩却是例外。语言不通，胡雪岩就找到洋商买办古应春，二人一见如故，相约要用好洋场势力，做出一番事业来。而且，胡雪岩不认为洋人是茹毛饮血的野蛮人，也不一见到他们就腿脚发软，而是对之采取不卑不亢的态度，与其平起平坐。这种种态度决定了他能与洋人做成生意。就这样，他在与外国人进行的丝、茶以及军火交易中大发其财。

　　太平天国运动的时候，由于李鸿章依靠洋枪队常胜军的力量连连大捷，郭嵩焘就把法国人日意格介绍给了左宗棠，希望左宗棠能建立一支完全用洋枪装备的常捷军。

　　日意格在找左宗棠的途中遇到了胡雪岩，于是把这一消息告诉了胡雪岩，而胡雪岩也早已听说，上海有一家钱庄，就因为承揽了常胜军的军火生意，赚了好多银子。这极大地诱惑着胡雪岩，于是他极力赞成左宗棠也建立一支常捷军，好从中赚取一笔。而此时的胡雪岩已是左宗棠的亲信，左宗棠的一切粮饷都交给胡雪岩负责，自然，组建常捷军的军火也全部由胡雪岩向洋人购买。

　　但军火是大买卖，需要大笔银子，胡雪岩有做军火生意的机会，却缺少银子，怎么才能弄到这笔银子呢？

　　胡雪岩首先想到的是向洋人借，但当时洋人开的洋行都在上海，没有凭证，洋人是不会平白无故借钱给你的。所以，得先在上海开一家钱庄。于是，胡雪岩就派人在上海开了一家阜康钱庄的分店，并请左宗棠题了匾名。

　　一切都办妥当之后，胡雪岩开始向洋人的洋行借钱。最终，胡雪岩用借来的钱向上海的洋人购买常捷军的装备，在其中狠狠地赚了一笔。

　　后来，左宗棠任闽浙巡抚，大力发展洋务运动，在福建建立船政局，建造轮船，胡雪岩负责引进技术和设备，在这过程中，他又发了一笔技术及设备引进财。等左宗棠任陕甘总督，因负责镇压回族人起义，而在上海组建上海转运局的时候，任胡雪岩为负责人，操办西征军务所需物资及军械，于是，胡雪岩又大发了一笔转运财。

这种种活动，胡雪岩都要与洋人打交道，通过与洋人做生意，胡雪岩实现了自己一笔笔财富的积累，最后成就了他的"胡财神"之誉。

所以，胡雪岩财富积累的完成，大部分是靠他敢为人先，敢与洋人做生意得来的。

敢为人先是一种勇气，有了这种勇气，才能敢开一代风气之先。同时，敢为人先者往往是时代的弄潮儿，他们必将获得成功，成为时代的领军人物。

一件事，第一个做的是天才。一个已被他人挖了多次的金矿，如今你再怎么辛苦开采，最多也只能得一些他人剩下的"残羹冷炙"。而眼光独到的经营者都明白这样一个道理：一个尚未有人注意到的领域，或许应该说，一个尚未有人敢在生意上打主意的领域，要比他人涉足过的领域赚钱容易得多。

只有别人还没有发现而你却发现的机会才是黄金机会，尽管这样做很冒险，但不冒险就不会赢，只要有50%的希望就值得冒险。

也许第一次尝试会消除你一往无前的勇气与一马当先的锐气，也会扼杀你坚持顽强的韧劲与不怠不懈的干劲儿。但是，一次小小的碰壁不应该成为你前进的阻碍，你应该继续实践，不断尝试，只要付出努力，终将会获得财富。

企业家永远是"赌徒加工程师"

企业家永远是"赌徒加工程师"。

美国速递大王，联邦快递公司总裁弗雷德·史密斯说过这样一句话："我认为，'企业家'一词在某种程度上应当赋予它赌徒的含义。因为，在许多时候，他们都需要采取相当冒险的行动。"财经作家吴晓波在评价中国的企业家时，也指出"企业家永远都是赌徒加工程师"。

彼得·杜拉克曾将"孤注一掷"放在企业家四种战略中的第一位，他说："在所有的企业家战略中，这个战略的赌博性最强，而且它不容许有失误，也不会有第二次机会。但是，一旦成功，孤注一掷的回报率却是惊人的"。所以，这种"赌徒心理"会带来大收获，但也会伴随着大风险。

之所以这样说，就是因为企业家不管是在创业之初还是在面对一个机会的时候，都带有"赌徒"的心理。

胡雪岩认为："商人图利，只要划得来，刀头上的血也要去舔，风险总有人背，要紧的是一定要有担保。"

胡雪岩作为一名商人，在现代来说，也就是一名企业家。在他的发家致富过程中，他也具有"赌徒"的心理。

胡雪岩的第一次"赌"就是资助王有龄捐官。

清代的捐官只有两种：一种是做生意发了财，富而不贵，美中不足，捐个功名好提高身价，像扬州的盐商，个个全是花几千两银子捐来的道台，那样便可以与地方官称兄道弟、平起平坐，要不就不算"缙绅先生"，有事上公堂，要跪着回话。另一种，本是官员家的子弟，书读得不错，就是运气不好，次次名落孙山，年纪大了，家计日渐艰难，总得想个谋生之道，改行又无从改起，只好卖田卖地，托亲拜友，凑一笔钱去捐个官做。

王有龄就属于后者，其父原为候补道，没有担任过什么好差事。分发浙江，在杭州一住便是数年。老病侵寻，心情抑郁，最终死在异乡。身后没有留下多少钱，运灵柩回福州，要很大一笔盘缠，而且家乡也没有什么可以投靠的亲友，无奈，王有龄只好奉母寄居在异地他乡。

境况不好，且又举目无亲，王有龄穷困潦倒，每天在茶馆里穷泡，消磨时光，虽然捐了官却无钱去"投供"。在清代，捐官只是捐了一个虚衔，凭一张吏部所发的"执照"，取得某一类官员的资格。要想补缺，必须到吏部报到，称为"投供"，然后抽签分发到某一省候补。王有龄尚未"投供"，更谈不上补缺了。

而胡雪岩当时只是信和钱庄一名得力的伙计。开始时，胡雪岩和其他伙计一样，在店里站柜台，后来东家和"大伙"都感觉这个小伙计顺眼，就派他出去收账。胡雪岩认真操办，不曾出过半点儿差错，深得东家赏识。他虽然读书不多，却悟性极高，对"否极泰来……乐极生悲"这类社会哲理体会弥深。他身在钱庄，在钱眼里打筋斗，看惯了多少人在生意场上一夜之间暴富，改变命运；又有多少人万贯家产毁于一旦，沦为乞儿。他喜欢听书，"昨日阶下囚，今日座上宾""落难公子，小姐赠金，金榜题名，洞房花烛"，诸如此类富有传奇色彩的故事，常令胡雪岩兴奋不已。

所以，胡雪岩认定眼前这个落魄潦倒的王有龄必定会时来运转，大富大贵，只是时机未到。

而刚好在那时候，老板交办胡雪岩去讨一笔倒账。因为没有十分把握，所以即使讨不回来，老板也不会怪罪他。故而胡雪岩未把讨回的银票交回钱庄，他想把这钱当作本钱，做一桩大生意的投资，如今瞅准了王有龄，正要在他身上下功夫。

胡雪岩见识高明，他认定以钱赚钱算不得本事，以人赚钱才是真功夫，假若选人得当，大树底下好乘凉，今生发迹就有靠山了……

接下来的故事大家都清楚了。可以说，胡雪岩的辉煌历程就是从为王有龄"捐官"开始的。也正是"捐官"这一新概念成就了一代"红顶商人"，为胡雪岩的发迹创造了契机。

在胡雪岩往后的商业生涯里，靠的也是几次"孤注一掷"的"赌博式投资"。

阜康钱庄刚开业不久，胡雪岩就不惜动用钱庄的"堆花"款项两万两银子以超低利率悉数贷给了麟桂，这就是一种"孤注一掷"的表现。当时的麟桂即将离开浙江，要是不还，该怎么办呢？那对刚开业不久的阜康钱庄来说，将会是致命的打击。

所以，胡雪岩的这一次借款是冒了很大的风险的，他在赌，赌麟桂不会不还款。最后，他赌赢了，他的这一举动带给阜康的是源源不断的生意。

胡雪岩从钱庄涉足生丝业的时候，也"赌"了一把。随着阜康钱庄的生意越来越红火，胡雪岩就想在上海和洋人做生丝生意。但是当时上海传闻"小刀会"将会起事，在这种传闻下，假定小刀会起事成功了，上海肯定要有好一阵混乱。上海与内地交通隔断，外边的丝很难运进，如果能事先囤丝，大批吃进，它就是一笔好生意。但是囤丝有风险。首先是要压一大笔本钱，而且，假定市面不出半月又平静了，囤丝就没什么意义了。既有风险又有利润，那还做不做生丝生意呢？

此时，胡雪岩作为商人的赌性又占了上风。他决定大量买丝，囤在租界，理由是洋人暗中在军火上支持"小刀会"，政府必然要想个法子治一治洋人，最直接的方式就是禁止和洋人通商，所以过不了三个月，洋人很可能有钱却买不到丝，这会致使上海的丝价大涨。最后，事情的发展果不出胡雪岩所料，两江总督上书朝廷，力主禁商并惩罚洋人，朝廷批准立刻禁商。就这样，胡雪岩从生丝生意中大赚了一笔。

这两次"赌"，均让胡雪岩狠狠赚上了一笔。

但话又说回来。企业家与赌徒毕竟是不同的，将企业家等同于赌徒显然不太恰当，亦不符合事实。企业家身上的"赌徒"特质，来源于他们的冒险精神，他们与赌徒的本质区别，亦在于他们在孤注一掷的时候，有着理性判断。

胡雪岩之所以敢"赌"。首先源于他对每一桩生意运作中的时势、商情都了解得非常充分。这种"赌"不是莽撞的一时冲动，而是经过深思熟虑之后做出的最后决定。因此，胡雪岩才能在各个机会来临时勇敢地把握住，并稳赚巨额利润。

同时，胡雪岩之所以敢"赌"，也是因为他有过硬的靠山。不管是王有龄还是左宗棠，都给他提供了官场上的保护。

约瑟夫·熊彼特于1942年提出了企业家要具备三种素质：一是有眼光，能看到市场潜在的商业利润；二是有能力、有胆略，敢冒经营风险，从而取得可能的市场利润；三是有经营能力，善于动员和组织社会资源，进行并实现生产要素的新组合，最终获得利润。"赌徒"心理只是其中的一种，要想成为真正成功的商人，在有这种"赌徒"心理的前提下，还要有眼光和经营能力。

这个世界根本没有不担任何风险的生意，而且，往往是所担风险越大，所得利润就越多。商业经营中，有许多稍纵即逝的宝贵商机等待人们去发掘。然而，机遇也意味着风险，机遇越好，风险则会越大。商机稍纵即逝，到底能否抓住机会，并勇于承担必要的风险，全在于决策者是否具有当机立断的勇气。

不是缺少商机，而是缺少发现

人人都渴望成功，而成功的人，无一例外都是能抓住机会、利用机会的高手。当不少人还在原地踏步时，他们早已抓住契机迅速发展，建立了自己的事业王国。因此，美国钢铁大王卡耐基才发自内心地告诫人们："每个人都拥有机会，只不过有些人不会掌握而已！"

人一生的机遇往往只有那么一两次，就看你能否抓住。一个哲人说过：在每一位伟大人物的一生中，都有一个关系其成败得失的时刻，在此紧要关头做出的行为抉择代表了他所能采取的最高行为水平。

商机无处不在，只是它们常常会被人忽视。很多人认为机会出现在眼前时便可捕捉机会，所以较少去仔细寻觅，这种错误的导向致使商机流失。拿起放大镜把注意力放在目前可以利用、可以支配的资源上，千万不要疏忽任何机会，如果有了这种心态，就能借助机会获得成功。

胡雪岩开办钱庄时，受藩台贵福老爷家中姨太太们争存私房钱的事件启发，想出了一个绝妙的主意，他对助手说："你们把抚台、藩台、道台、总兵、参将……凡是浙省官员，他们的太太、姨太太都调查清楚，开列一个名单。你给这些太太、姨太太每人发一本存折，给她们每人先存上20两银子，就算我们钱庄白送。"

他的助手秦少卿有点儿傻眼："什么？我们钱庄尚未开张，一个存户都没有，钱也分文未进，你却要先白白送出去几百两银子？"

胡雪岩正色道："省里这些大官，倘若能为我所用，壮大钱庄势力，谁还认为我阜康钱庄本小利薄，不能做大生意呢？只要钱庄先有了这批达官贵人作为存户，面子足，台子大，一传两传，传开后，谁还会怀疑我们阜康钱庄的信誉呢？"

秦少卿毕竟是个灵变之人。他马上反应了过来："那我马上去写存折。"

秦少卿没想到，钱庄开张不过一旬，官家女眷来存私房钱的人竟这么多，数目这么大！少则几百两，多则成千上万两，都存到了阜康钱庄。而且一传十、十传百，那些没拿到存折的官太太，也来钱庄新开户头，并且各显神通，互相攀比，比谁富，看谁阔！

江东本就是富庶之地，殷实人家多，商户遍地。官眷这种暗地里的显富比阔，又扩展到了商眷圈子里，她们纷纷把自己的私房钱、箱底钱存到阜康钱庄。有道是："男人买箱子，女人管钥匙。"女眷中多的是当家理财的行家里手，在她们那里，钱庄经营的天地大着呢！

所以，对于成大事者来说，无论在哪里，在什么情况下，都能获得商机。

在镇压太平天国运动的过程中，为解决军饷不足的问题，朝廷下旨，要京城高官和各省督抚捐献军饷。

浙江巡抚黄宗汉作为一方封疆大吏，自然也在捐献之列。但黄宗汉不愿自掏腰包，此时恰逢王有龄运送漕米有功，将外放湖州知府，而王有龄因为海运局还有一部分亏空没有补足，故而希望黄宗汉让他兼领海运局坐办。黄宗汉乘机将"盘口"转给了王有龄，王有龄不敢怠慢，马上拿出一万两代捐。

这笔钱本来可以直接由与海运局有业务关系的信和钱庄汇往京城，王有龄也准备由信和马上汇出，但胡雪岩却将这笔钱要了过来，他要转一道手，由自己打算刻意栽培的干将刘庆生送到大源钱庄汇划。

胡雪岩是这样考虑的：刘庆生是个可造之才，但他到自己的阜康钱庄之前，只是大源钱庄的一名伙计，由伙计直接升挡手，同行未免轻看。一行生意的场面，最终要靠人才撑起来。现在由他代理黄宗汉去办理汇款，对于抬高他的身份将会起到很大作用。抚台是一省天字第一号的大主顾，有这样的大主顾在手里，同行对刘庆生自然会刮目相看。更重要的是，刘庆生为黄宗汉汇划这笔款子，还会引起同行对阜康来头的猜测，这种猜测在同行中传开，会将刚刚挂牌的阜康钱庄的场面做大，而场面越大，生意就越好做。

就这样，胡雪岩一文钱没花，却达到了一石二鸟之功效，既抬高了刘庆生的身份，又宣传了阜康钱庄的牌子。

胡雪岩的经营之道确实让人佩服，而他成功的关键，就在于能够把握时机，大胆投资。

那么，该如何抓住机遇呢？有两点非常重要。

第一，反向思维。一般人之所以苦苦寻觅，却一无所得，正是因为受制于思维定式，而机会的栖息之处却往往在定势之外。所以，不人云亦云，是把握时机的关键。众人以为不行的事，可能是过分夸大了困难，也可能是不适合他们做，却适合你做。大家趋之若鹜时，你退避三舍，可能得到的会更多；大家踟蹰不前时，你多跨一步，或许就能够独领风骚。

第二，科学的分析。如今的时代，经商除了需要经验，人们也更看重科学的分析。看当今世界上每一家顶尖级的集团、公司都必须花费大量的人力、物力、财力，用于搜集、处理、分析市场动态，从中捕捉任何有利于本集团、本公司的信息。在大数据时代，懂得搜集、甄别信息并能从信息中发现商机，才是现代商人的精明之处。

舍得吃亏，以亏引赚

　　在寻常人看来，胡雪岩在经营中的一些做法会"蚀本"，但胡雪岩的高明在于，他能看到长远的利益，有理想，因此，他的投资在吃亏之后都得到了很好的回报。

　　胡雪岩目光高远、舍得用吃亏换便宜的策略还体现在另一件事上。

　　胡雪岩的阜康钱庄刚开业不久，绿营兵罗尚德便携带毕生积累的一万两银子前来存款。罗尚德是四川人，年轻时嗜赌如命，且经常一掷千金地豪赌。没过几年，罗尚德赌场失意，不仅把祖辈遗留下来的殷实家产输得一干二净，还把从岳父处借来的准备用于重兴家业的一万五千两白银在一夜之间输得分文不留。岳父对此气愤不已。他不想看到自己的女儿跟着这么一个赌徒受苦受累，于是把罗尚德叫来，告诉他，只要罗尚德把婚约毁了，那一万五千两银子的债就一笔勾销。血气方刚的罗尚德难以忍受岳父看轻自己，他当众撕毁了婚约，并发誓今生今世一定要把所借的一万五千两银子还清。

　　罗尚德背井离乡，辗转来到浙江，参加了绿营军。十几年来，他想方设法，拼命赚钱，终于积聚了一万两，但由于太平军的兴起，绿营军随即就要开拔去前线，罗尚德不可能把钱随时带在身上，他必须找个妥善的地方放置。恰好他听说了胡雪岩的义名，深感可靠，于是就带上毕生的血汗钱前往阜康。

一名普通绿营兵竟有一万两银子的积蓄。这不得不叫人对钱的来路产生疑问。加之罗尚德存款四年，不要息，甚至连存折也不要。只要保本就行，这更令人疑窦四起。店堂的总管不敢轻易做主，生怕钱的来路不明，若因此惹上官司，赔本不说，还会砸了钱庄的招牌。于是。他马上向胡雪岩报告情况，让老板自己拿主意。

胡雪岩听说这件事后，知道其中必有隐情。他叫上罗尚德，到屋里摆上酒席，酒过三巡，胡雪岩和罗尚德就开始了推心置腹的谈话。罗尚德见胡雪岩如此豪爽，果然名不虚传，便把自己的经历与想法和盘告诉了胡雪岩。

胡雪岩听说之后，诚恳地建议罗尚德存一万两银子定期。虽然对方不要存款利息，但钱庄按照行规仍然以两年定期存款的利息照算，三年之后来取，连本加息一次付给一万五千两银子。另外，两千两银子作为活期存款，如有急事随时都可以支取。所有这些存银都要立上存折。因罗尚德不便携带，暂由刘庆生为其代管。

凭这几句话，罗尚德就为胡雪岩的侠义气概所征服，当即决定把钱存放在阜康钱庄。

若以平常眼光来看，胡雪岩的这一慷慨之举似乎有点儿失当。然而，它带来的广告效应马上就显露出来了。胡雪岩的侠义很快就得到了回报。罗尚德回到绿营军，把自己到阜康钱庄存款的事告诉了其他士兵，这些即将出征的士兵纷纷把自己的积蓄都存放到了胡雪岩的阜康钱庄。短短几天时间，阜康钱庄就收到了三十多万两的存款，一下子就解决了钱庄新开业、家底不厚的问题。

在商业竞争活动中，赢得广大顾客的信赖，赢得广大的客源及市场占有率，是一个企业得以存活、进而发展壮大的根本。要想达到这一目标，最有效的手段就是"以亏引赚"。

农民刘良才刚开始做酒水生意时，就使用了新工艺酿酒技术，不但降低了成本，提升了酒的质量，还提高了20%~40%的产量。按计算，在价钱相同的情况下，他能比别人多得1/3的利润。可他不但没有打算要这多出的利润，还计划着让出20%的利润。别人卖5块钱一斤的酒，他只卖4块钱一斤；别人卖4块钱一斤的酒，他只卖3块2。而且他的酒质量更好，口感更醇，他的服务态度也更和气，总是笑脸相迎。

可想而知，大家当然更乐意买他的酒，即便是不熟悉的人也会打点儿酒来尝尝，觉得不错，自然就成了他的忠诚顾客。这样一来，大部分顾客都放弃了原来熟悉的传统做酒师傅，而很快和他这个新师傅熟悉起来，甚至很多散装白酒的经销商都亲自上门要求代销。他的酒不到两个月就占据了全镇大半个散装酒市场。

试想，假如刘良才事先不放弃这诱人的利润，只是死死地抓住自己应该收获的一分一厘，他要想分得家乡酒市场的一块蛋糕，根本就是天方夜谭。

在现代企业经营中，许多成大事者都具有这种敢于吃一时之亏的精神。他们的睿智，表现在目光长远上，他们不为一时利益所限，最终得到了丰厚的回报。

一个青年向一位富翁请教成功之道。富翁拿了3块大小不等的西瓜放在青年面前说："如果每块西瓜代表一定程度的利益，你选哪块？"

　　"当然是最大的那块！"青年毫不犹豫地回答。富翁笑了笑说："那好，请吧！"

　　富翁把那块最大的西瓜递给了青年，自己则吃起了最小的那块。

　　很快，富翁就吃完了，随后拿起桌上的最后一块西瓜，得意地在青年面前晃了晃，大口吃了起来。

　　青年马上明白了富翁的意思：富翁吃的瓜虽然不比自己的瓜大，却比自己吃得多。这样算下来，显然富翁占的利益更多。

　　做企业就像"吃西瓜"，要想使一个企业有大的发展，管理者就要有战略眼光，有理想，要学会放弃，只有放弃眼前的诱惑，才能获得长远的利益。胡雪岩的"以亏引赚"是一个屡试不爽的商用奇谋，明着看好像吃亏，暗地里其实赚大便宜。

第六章

做人的学问

　　人生的一生中，大部分精力或时间是做人，一小部分是做事。有人说是六分做人，四分做事，有人说是七分做人，三分做事。说明做人的重要性大于做事的重要性，做人做不好，做事一定做不好。只有会做人才会做事，会做人是一个人事业成功的关键。所以做人是很有学问的。做人，要时刻记住，人品为先，才能为次。

　　人不是上帝，不可能不犯错误。在人生道路上，做事想取得好结果，取得事业的成功；想心情舒畅，生活过得快乐；想有朋友、想得道多助；想不误入歧途，少犯错误，少走弯路……坚持和遵循做人的原则，即人品是唯一的前提。

　　一个人品好的人，应该是真诚与诚信、豁达与宽容、不自私不贪婪、不斤斤计较、信守承诺与承担责任、积极热情、沉着与冷静、低调做人、与人友善等等品格。

真诚与诚信

　　在社会上、在职场上、在朋友圈里，不管你属于哪一类、哪个阶层的人，做人一定要真诚与诚信。真诚与诚信是一个人在社会上的立足之本。真诚待人，不管事情大小，必须发自内心，虚伪的"真诚"，勉强的"真诚"比真正的欺骗更令人厌恶。"爱人者，人恒爱之；敬人者，人恒敬之。"如果你把真诚付诸行动的每一个具体细节上，将会产生你意想不到的效果。发生在美国费城一个普通店员与一位老女人之间的"一把椅子"的故事。证明真诚是多么伟大！

　　那是在一个瞬间突降大雨的下午，街上的行人都纷纷到附近的一个大商店避雨。有一位老妇人也慌忙进了这个店。由于她衣着简朴，又很湿，显得很狼狈，所以店里的人、顾客和避雨的人，都对她视而不见。唯有一个年轻店员走过来，既礼貌又真诚地说："夫人，我能为您做点什么？"老妇人莞尔一笑："不用了，我在这躲一会雨，马上就走。"老妇人说完却又站起来，好像觉得借店避雨应该要买点什么，哪怕一个饰物，她也心安理得呀！于是开始到柜台转悠。当老妇人正想挑选点什么时，那个年轻人又走过来，仍然礼貌、真诚和蔼可亲地说："夫人，您不必为难买什么，我给您搬把椅子，您坐着休息就是了。"过了一会儿，大雨停了，天晴了。老妇人道了谢，又向那个年轻人要了张名片，年轻人把老妇人送到门口，老妇人颤巍巍地走了。

几个月过去了，那个年轻人早已忘了老妇人来店避雨的事。但是这家大公司的总经理收到了一封信，信中指名要求该公司派那位年轻人去苏格兰收取一份装修整个城堡的订单，并让这家公司承包自己所属的几个大公司下一季办公用品的采购订单。总经理惊喜得不得了，因为它带来的效益，相当于该公司两年利润的总和。原来这封信就出于那位避雨的老妇人之手。老妇人的身份是美国亿万富翁"钢铁大王"安德鲁·卡内基的母亲。这位让老妇人感动的年轻人叫菲利，当年22岁，马上被总经理推荐到董事会，成为这家百货公司的合伙人。在后来的几年里，菲利以他的真诚，成为"钢铁大王"的左膀右臂，事业扶摇直上，成为美国钢铁行业的重量级人物。

在人际交往中，在生意场，在一个团队里，真诚和诚信，可使你在朋友圈里如鱼得水，可使你的生意摆脱困境和取得快速发展与良好的经济效益；真诚和诚信可使你升迁或遇到"伯乐"。但是对人真诚应该是人自身内心世界的自然体现，不附带任何条件，特别是不能以某种利益为前提。就是说，对人真诚和诚信，就该这么做，是天经地义的事。当然，只要你对人真诚，人们就会觉得和你交往，和你做朋友可信、可靠、值得。只有让别人认为你是一个诚实的人，靠得住，人们对你才会推心置腹。

长期以来，人们最忌讳将人际关系和交换联系起来，认为一谈交换，就亵渎了人与人之间的真挚的感情。其实，我们冷静仔细地想一想，我们在人际交往中总是在交换着某些东西，或者是物质，或者是情感，包括诚信，或者是其他。

所以，我们在人际交往中无论怎样亲密，都应该注重在物质、情感、诚信等方面"投资"。但其中最重要的是不怕吃亏，不求回报，加深友谊，增加诚信。

再次，你应该知道维护和尊重别人的自尊心。人与人之间建立了诚信，就能够得到深厚的友谊。

最后，创造一种自由、诚信的气氛，让人感到和你交往可靠、轻松、愉快，都愿意和你来往，打交道。陈嘉庚的名字在中国家喻户晓，20世纪初东南亚大贾、华人华侨的符号——陈嘉庚是诚信经商的典范。陈嘉庚在接他父亲的企业时，企业资不抵债，欠下30万元债务。按照东南亚当地当时的法律法规：父债子不还。可是陈嘉庚先生坚持一定要还父亲欠下30万元这笔债。他接父亲烂摊子时，流动资金就很艰难，要还这笔债更是难上加难。可是坚强的陈嘉庚有一个信念，再难也要想办法把这笔债还清。经过不知多少周折和困难，终于把这笔债还掉了。

陈嘉庚替父还债的事迅速传遍了东南亚商界。商界大大小小的商人没有不敬佩的，大家都争先恐后和他做生意，在不长时间里陈嘉庚的生意风风火火，迅速发展起来，后来他成了东南亚家喻户晓的富商。

豁达与宽容

俗话说："宰相肚里能撑船"。人在社会和职场上，天天要和人打交道，要想过得快乐，心情舒畅，就要做一个胸襟开阔，气量宏大，豁达心地宽的人。宽容是一种气度，是对人对事的包容、接纳、海涵和尊重。豁达宽容是一种博大的精神，是一种高贵的品质，能包容生活中发生的喜怒哀乐，可化解人世间的恩恩怨怨。我们在社会上或一个团队（职场）里做事，特别是做大事或做复杂的事，你要想取得好的结果或成功，获得别人的好感和评价，就得是襟怀坦荡，宽宏大量，豁达大度的人。豁达宽容不但关系到一个人的工作、学习、事业的兴衰成败，而且关系到一个人的生命与健康。因此，人在世上，要事半功倍，收益满钵，朋友济济，心情舒畅，生活快乐，健康长寿，就一定要是一个豁达宽容的人。能容纳天下人，天下事，才能成就一生最伟大的目标……成大事一定是一个具有豁达与宽容性格的智者。

唐代李贺很有才华，当时大名鼎鼎的诗人、作家韩愈都很看重他。可是他的致命弱点是不开朗、不能包容他人，为一句话、一件小事与人争执不休，性情急躁，孤独郁闷，不能与别人交流相处……27岁时，正是大好年华的他，却郁郁而死，成为文学史上一大憾事。在我身边有一个人，他叫邵某某，也是胸怀狭窄，心眼很小，用小肚鸡肠来形容他一点也不为过，熟悉他的人，和他交往、说话都斟酌再三，生怕某句话刺激他。可是不熟悉他的人就不一样了，该怎么说就怎么说。为了一件很平常的事，于某某和邵某某吵了一架，邵某某竟被气得郁闷而死。

事情是这样的，大家在一块练太极，准备去市内参加比赛。于某某是领队。邵某某太极拳打得也不错，就是节拍上比大家慢半拍。于是于某某叫邵某某在节拍上要和大家保持一致，不然就不能去参加比赛。于是两人大吵了一架，邵某某气得愤然而去。这是下午发生的事。到第二天早上，他太太去喊他起床，发现他已经长眠了。熟悉他的人都说他是被气死的。他才刚刚60岁，大家都为他"为这件小事"而离开人世，十分惋惜。胸怀狭窄，计较小事的人，一生都会过得很郁闷、很痛苦，没有快乐的人生。

宽容对人对己都是受益者。世界上最广阔的是海洋，比海洋更广阔的是天空。人的胸怀应该大似海洋与天空。胸襟宽阔的人往往得道多助，定成大业。

拿破仑在长期军旅生涯中养成宽容待人的美德。作为全军统帅，批评士兵和下属经常发生，但每次他都不盛气凌人，他很顾及下属和士兵的感情与情绪。大家对他的批评都欣然接受，而且对他充满了感激之情，这大大增强了他的军队的凝聚力和战斗力，他的军队成为欧洲大陆的一支劲旅。

在一次战斗中，士兵们都打得很艰苦，人困马乏。夜间拿破仑巡哨，在查哨过程中，他发现一名哨兵依着大树睡着了。拿破仑没有喊醒士兵，而是拿起枪替士兵站岗。大约过了半个小时，哨兵从沉睡中醒来，他认出了自己的统帅，十分恐惧。

拿破仑却不恼怒，他和蔼地对哨兵说："朋友，这是你的枪，你们艰苦作战，又走了那么长的路，你打瞌睡是可以理解和应该宽容的，但目前是战场，一时的疏忽就可能断送全军。我正好不困，就替你站了一会儿，下次一定要小心。"拿破仑语重心长、和风细雨地批评哨兵的错误。有这样大度的统帅，士兵怎能不英勇作战呢？

豁达宽容是人生难得的佳境———一种需要操练，需要修行方能达到的境界。大量事实证明，不会宽容别人，必会殃及自身。只有宽容，才能愈合不愉快的创伤；只有宽容，才能消除人为的紧张。

芸芸众生，各有所长，各有所短。争强好胜，如果失去了做人的底线，就失去了做人的乐趣。

不自私，不贪婪，不斤斤计较

当今世界，是一个欲望膨胀的世界，有一些人的脑海里总是塞满了各种各样的欲望和奢求，追逐名利，追求高档品牌，住高档别墅与名人区，开高档车，吃山珍海味——总之全身上下，身体内外全部被欲望支配。

这些人，古今中外都有，只追逐贪婪，不考虑后果。伟大作家托尔斯泰讲了这样一个故事：有一个人想得到一块土地，地主就对他说，清晨你从这里往外跑，跑一里地就插一个旗杆，只要你在太阳落山前赶回来，插上旗杆的地都归你。那个人就不要命地跑，太阳偏西了还不知足。太阳落山前，他是跑回来了，可是已经精疲力竭，身体一歪躺在地上，就再没有起来。有人就挖了个坑就地把他埋了。牧师在给这个人做祷告时说："一个人要多少地呢？就这么大。"

人应该有欲望，不然就不会去奋斗。人都想过美满幸福的生活：有一个舒适的房子，有一个稳定的、能够满足吃、穿、用，也能适当旅游的经济收入等，这都是人的合理的、正常的欲望。但是，如果把欲望膨胀到无止境的贪婪，不仅成为欲望的奴隶，而且必然走上歧途，走上犯罪。例如，清朝的和坤、当今的周永康、徐才厚等。还有著名歌星汤某，本来是有前途，众人追捧的歌星，可是她在贪婪支配下，一心想捞钱，想攀高官、想傍大款、想穿金戴银——最后成为达官贵人、特务怀里的妓女，出卖了灵魂，出卖了国家机密，银铛入狱，面对冷窗冷壁度日。汤某无止境的贪婪，钱迷心窍，自己断送了自己美好的前程和年轻的人生。

人生中，知足常乐，可以生活得很幸福、很快乐，而贪婪必定要自食苦果。有一位智者说："人不能把钱带进坟墓，但钱可以把人送进坟墓。"

大千世界，万种诱惑。历史上的贪官，当今的贪官都是贪婪成性，什么都想要，结果怎么样呢？宋朝臭名昭著，被称为"天贼"之首的大贪官、大奸臣蔡京，在被宋钦宗放逐岭南时，金银财宝装了一满船。途经湖南潭州（今长沙），人们知道他是"搜刮民脂民膏""祸国殃民"的大贪官，于是"凡食饮之物，皆不出售"，"旅店、饭馆"一律不向他开放。他原以为"有钱能使鬼推磨"，结果，一大船财宝，买不到一碗饭、一盒菜、一杯茶。无奈之下，他栖息在城外一座破庙里。在凛冽寒风中，饥渴交迫中，守着数不胜数的钱财，却活活被饿冻而死。死前强打精神写了一首"绝命词"《西江月》，最后两句是"只因贪恋此荣华，便有如今事也。"道出了他"贪恋荣华"而酿成人生悲剧的肺腑之语，有现身说法警示后人之效。正所谓"人之将死，其言也善"。

众人皆知清乾隆时代的巨贪和坤，所贪之财，富可敌国。乾隆爱他、宠他，明知他贪污也没有处死他，养痈遗患。嘉庆皇帝一亲政就宣布和坤二十四条罪状。原本判处"凌迟"千刀万剐，为顾念先帝尊严，责令其自缢，此刻他也写了《绝命诗》一首。其中前两句是"五十年来梦幻真，今朝撒手撒红尘。"他感慨自己五十年来如梦似幻的人生，现在无可奈何地宣告与红尘"永别了"！字里行间流露出不平的愤懑之情。

贪得无厌，不见棺材不掉泪的"中央级大老虎""省级中老虎"以及小官大老虎等等，他们贪污受贿十分惊人，竟高达几十亿、几百亿。他们知足了、他们住手了吗？没有，《圣经》上说："贪婪就像崇拜偶像一样。"这些人崇拜的就是金钱，什么党纪、国法，什么生命，都阻止不了他们的贪婪。因为他们已经被贪婪迷住了心窍，他们已经被贪婪逼疯了。只有把他们绳之以法，推上审判台，此时他们才可能会冷静下来，想想魔鬼的两板斧是怎样使用的：左板斧用贪婪来欺骗你，让你进入虚空的圈套，使你绝望，痛苦地煎熬，然后自杀送命；右板斧用贪婪来诱惑你，让不知足来煎熬你，好让人拼命耗损精力，缩短寿命，使人在不知不觉中慢性自杀。

魔鬼的最终目的是让人尽快地结束生命。贪婪的本质就是让人们看轻原本最重要的东西——生命。贪婪就是无情的杀手——谁贪婪，刀就架在谁的脖子上！

不斤斤计较不仅是高贵的人格、人的美德，也是人处世的哲学。古语说得好："让一让，三尺巷。"本来巷是很窄的，可是一让就变成大道了。生活就是无数小事的组合，工作也是如此。既然小事无处不在，无时不有，如果老是计较，何时休呢？人生之事，只要不是大事、原则性的事，吃点亏、少点面子、牺牲点个人利益，又有何妨？你得到的却是高贵的人的品质。人生一世，追求的是个人的理想，做一番大事业，使自己的人生价值有较高的含金量，使人生过得有意义、快乐、幸福。为此，你就必须远离斤斤计较。凡是成功的人士，无不是"小事糊涂，大事清楚"的人。

凡是斤斤计较的人，都是胸怀狭窄、目光短浅的人，只顾及蝇头小利、个人感受和个人情绪，根本不想别人，只要自己痛快就行。这种人不管多么聪明，多么有才华，终究成不了大器。

大量事实证明，事事计较的人，都会天天烦恼，缺少朋友，孤独，生活没有乐趣，活得很累，对自己的身体造成极大的伤害。生活中、工作上不尽如人意的事非常普遍，你要做到快乐、顺心，就要学会忘记，放得下。有一句话说得好：不要拿小事来惩罚自己。我在这里讲一个小道理：我们用容器接饮用水，常常含有一些杂质，如果你厌恶它，你使劲摇晃它，那么容器内的水就一直混浊，这是十分愚蠢的行为。如果你冷静下来，让水静静地一点一点沉淀下来，杂质沉到下面，水就变得很清了。当我们遇到不如意的事心里烦躁时，就想想上面说的道理，我们的生活就一直是晴天。

我们每一个人都有自己的人生之路，所以别人都是你转瞬即逝的风景，转瞬即逝的过客，对你的挫折、失败，别人要么不在意，要么一笑了之。既然别人都不放在心上，你何必过多地和自己过不去，老处于忧愁中。所以，人生的准则是：不要让不愉快的小事牵着鼻子走，昂起头面带笑容走自己的路。人生在世，斤斤计较每一件小事，那生命无疑会是一种累赘；导致你事业失败的，往往不是看似大灾难的挑战，而是一些微不足道的芝麻绿豆的小事。如果你的大部分时间和精力都消耗在小事中，它最终成为你一生的绊脚石，你将一事无成。

信守承诺，承担责任

俗话说：一诺千金。意思是说到做到，要守信用。无论古今中外，众人都把言出行随、言必行行必果、一言既出驷马难追、说到做到视为美德。《资治通鉴》讲："一言许人，千金不易。"在国外也有"承诺是债"的谚语。这都说明承诺是一件非常严肃的事情。

对于信守承诺的人来说，承诺就是一种责任。无论是做人还是做事，都应该坚守承诺，唯有信守诺言，才会给人留下诚实可靠的口碑。承诺与责任是相关联的，如果你向别人或朋友承诺，那么你就肩负着责任。责任完成得怎么样，就是我们的承诺兑现的怎么样。承诺有时代表一个人、一个单位的信用情况。承诺是用来兑现的，承诺的事情是不可改变的。由此可见，坚守承诺，一诺千金做人，向来把承诺视为不可推卸的责任，即使在非常艰难的情况下，他们也会排除困难，实现自己的承诺。下面是一个非常典型的例子，值得我们学习。

快下班时，百事可乐公司总裁卡尔·威勒欧普接到市长邀请他参加晚宴的电话，他毫不犹豫地谢绝道："很抱歉，我已经说好今天晚上陪女儿过生日。我不想做一个失约的父亲。"

卡尔走出办公大楼，给女儿买了生日礼物，驱车直奔市中心新开业的游乐园，去那里与妻子一道为女儿过生日。

为避免打扰，卡尔夫妇都关闭手机，他们全身心地陪伴着女儿，开心地享受着女儿生日的快乐。

卡尔正兴致勃勃地看着女儿吹灭的蜡烛并开始切分生日蛋糕，他的助理急匆匆赶来，他把卡尔叫到旁边，小声汇报说，有一个本公司举足轻重的客户要求在这个晚上与卡尔见一面。

"可是，我已答应了女儿，今天整个晚上都陪在她身边。"卡尔面露难色。

"客户此前确实没有约定，他只在此地短暂停留，是临时决定来见总裁的……"助理委婉地建议道。

怎么办？一边是已经陪了2个小时，正玩得开心的女儿，而另一边是等待约见的公司重要的客户。卡尔没有犹豫，他转身告诉助理："我觉得我还是应该留下来陪女儿，你去接待一下客户，并替我转达真诚的歉意，跟他约好时间，届时我会亲自登门拜访。"

"卡尔先生，您是不是先去——"助理提醒总裁这个客户实在是太重要了，丝毫不能得罪的，要不然就不会急匆匆地找他来了。

"爸爸，您还是去忙工作吧，妈妈陪我一样快乐。"得知内情的女儿十分理解父亲，催促父亲去见客户。

"不，我已经说过，我不想做一个失约的父亲，今天晚上市长的宴请和客户的约见，确是很重要，但一个月前向女儿许下的承诺更重要，谁都不能改变我做的承诺。"卡尔一脸坚定，让助理打消了继续劝说的念头。

第二天，卡尔上班做的第一件事就是打电话向那位客户道歉，客户非但没有生气，反而由衷地赞叹道："卡尔先生，其实我要感谢您啊，是您用行动让我真切记住了什么叫作一诺千金，我明白百事可乐公司兴旺发达的真正原因了。"此后，他们竟成了非常亲密的合作伙伴，甚至在双方遭遇困难的时候，也不曾动摇彼此的信任。

在失约方面我有深刻体会。50多年前，既是同学又是朋友的童先生约定一个周日，请我和我的太太到他家做客，可是我失约了。到周日我没去，且那时又没有电话，无法及时告诉他。后来童先生说，专门为我们包了饺子。这件事使童先生不高兴，尤其他的太太很不高兴，不但说我们夫妇失约，不够朋友，还把丈夫埋怨了一通。

不兑现承诺，是一件非常错误的事情，也是一件非常痛苦的事情。越随着时间的推移，越内疚、越痛苦，真是犯了大错，损害了同学的感情，失去了好友的友谊。50年前发生的事情几乎都记不得了或者说很模糊，唯独失约这件事我一直萦绕于心，历历在目，无法忘怀。

我们若对别人许下承诺，就一定要兑现它，这是人在这个社会上立足的根本，尤其在竞争激烈的市场化时代。

在这个社会上，人无信不立，一个能以诚信对待承诺的人，一个能把承诺作为责任的人，他的价值已经不能用钱来衡量。一言九鼎，这是承诺的分量；一诺千金，这是承诺的价值。一个言而有信的人，与地位高低、财富多寡没有关系，是值得尊敬的。因此，每一个人在做事情时应严守承诺，把承诺当作自己的责任。

积极热情

　　人生的心态有积极心态和消极心态，心态不一样，结果自然就不一样。假若一个人在他的一生中，能够将积极的心态运用到人生中的每一件事情上，就会达到意想不到的好结果。心态是人人都拥有的精神世界。积极心态会产生无法预计的力量，这种力量能让你克服困难、战胜怯懦、获得事业成功、拥有幸福、健康长寿；消极心态，将使人一事无成，使贫穷伴随着你一生，持有消极心态的人，对什么都没有兴趣，甚至对生活都感到没有什么意思。

　　人生的心态，既有先天的因素，也有后天的因素。有些人天生就积极热情，对工作不挑不拣，只要有工作总是抢着干；有些人天生就懒，推一推，动一动，非常吝惜自己的力气，这种人没有追求，就是混日子。

　　人的心态为什么也有后天因素呢？例如某人本来积极热情，事业有成，如果受到无缘无故的打击，像"文化大革命"中扣上这种或那种莫须有的罪名、帽子："只专不红""反动技术权威""走资派"等，承受不了这种压力，就消极起来；婚姻、家庭发生重大变故，积极热情的精神被压垮了，因而消极起来，等等。当然，也有由消极心态变为积极心态的。凡是具有消极心态的人，在家里、社会和职场上，都受到冷落，被人瞧不起。如果在家里被父母、妻子骂得狗血喷头，说他是"废物"，他感到自己的自尊心受到严重伤害时，可能下决心改变目前的消极状态而积极起来；在单位受到批评、警告、扣发工资，甚至要解雇他，他感到没有退路时，也会改变消极状态为积极状态。

对于一个成功者或者想做事，多做事，做大事的人，积极的心态，热情地拥抱同事和工作，并且长期保持下去，就会享受到成功与幸福的人生。为了帮助青年人使其事业有成，我举一个长期坚持积极热情，奋斗在电脑事业上的一位成功女士——杜女士的例子。

杜女士毕业于美国某大学生物专业。在NIH做生物研究3年。2001年，一家专门为NIH做软件的电脑公司招聘电脑程序员，她去应聘，竟奇迹般地被录用了——因为她应聘前只在社区学院上过几个月电脑扫盲班。她说她可能是语言好（英语不错）和上帝帮了忙，不然她真的不会被录用。

据她说上班后什么也不会，不要说写程序，就连程序是什么都不知道，但是她有独特的优点和精神，虚心、诚恳、不耻下问。不会就是不会，不装懂、不害怕，对待工作从来都是积极、满怀激情。只要电脑知识比她好，不管男女老幼，都拜为师请教。最为典型的是，她几乎天天晚上去李先生家请教，李先生对她的指导和帮助很多、很大：由电脑盲到入门，到知道如何写"CODE"——去的次数多了，李先生也有点不耐烦，李太太更是多次下逐客令。杜女士老是装着"没看见""没听见"，她不弄明白就是不走，据说杜的母亲为答谢李先生，经常准备点冬瓜、白菜、鱼虾等，让女儿给李家带去。一个30多岁的女孩子，今天请教张三，明天请教李四，究竟她请教过多少人，踏过多少家的门槛，连她自己也记不清楚了。对求知欲没有强烈欲望，没有超人的积极心态，没有点精神和勇气，是不可想象的。

为彻底提高自己的电脑水平，弄懂电脑这门科学，她毅然决然地去霍普金斯大学盖城分校业余学习电脑专业，攻读电脑硕士。此时她已是3岁孩子的妈妈，白天上班，晚上上课，把孩子完全托给她的母亲和她的丈夫。她披星戴月，没有休息过一个礼拜天，全部是在书店或图书馆度过，全家都陪伴着她。她艰难奋斗1460个昼夜，以优异的成绩拿到了电脑专业硕士学位。

杜女士在工作、学习上永远没有休止符：积极、苦干、早出晚归、热情奔放。同事们都说："她是不知疲倦的人。"家里人都埋怨她："把家当成办公室。"她工作出色，经常受到NIH的表彰。

杜女士这个例子说明：一个具有积极热情心态的人，相信困难是暂时的，是事物前进中的一个过程，相信只要自己努力就一定会成功。从杜女士走过的路充分证明：心态决定人生，正如一位哈佛教授总结的：一个人具有什么样的心态，他就可以成为一个什么样的人，他就拥有怎样的人生。

积极热情的心态是你事业成功的精神力量和思维方法，积极热情是强有力的、稳定的、深刻的情感，它表现为对事业的热爱，对工作的迷恋，它是智力表现和创造力发展的必要条件。积极热情的心态是当你面对任何挑战时应该具备的"我能……而且我会……"的心态。

沉着冷静

沉着与冷静是做人的一件大事。它不仅对你的人生、你的事业有重大影响，而且对你的生活、家庭和生命健康也影响深远。

沉着对应着冲动，冷静对应着鲁莽、急躁或暴躁。在日常生活和工作中，碰到无事生非的人，以制造和传播谣言为乐的人，嫉贤妒能的人，以权谋私的人，施阴谋诡计的人，坑蒙拐骗的人，等等，不一而足，你怎么办？是沉着对待，冷静分析，妥善处理，还是莽撞从事？许多人在这种情况下，在感叹世情的淡薄，人心阴恶的同时，他们会失去理智，做出一些过激的行为。正确的做法是采取沉着、冷静和"忍"的态度。对人生而言，沉着与冷静是一种修养，沉着冷静是做人的基本要领。沉着冷静才能把事情做好，才能把话说好。沉着冷静是人生的一笔宝贵财富。

做人要学会沉着与冷静。所谓沉着冷静，就是一个人在受到误会、辱骂和无端指责等特定情况下，内心所持的一种沉稳状态。心理状态好的人，能控制自己临阵不乱，经受住刺激，甚至做到"置若罔闻"。当有人指着你鼻子尖无端指责时，如果你冷静，你就会意识到，他是在"给你设陷阱，让你跳"；如果你鲁莽，就会上当，正中他的下怀。

无论居家过日子，还是在职场与人相处，有许多矛盾，不合理的事情，不是靠肢体力量，靠鲁莽行为，靠无休止地高分贝辩论与吵闹能够解决的，需要冷静、沉着、去启迪自己学会用脑子。用脑子的过程就是冷静的过程，就是产生智慧、办法、对策的过程；性情暴躁的人，一个不会讲道理的人，是谈不上有多少智慧的。下面的故事是一个用"沉默"应对的好例子。

1966年毕业于军校的萧某，在部队当了几年技术兵，就转业到工厂做技术员。他自高自大，胸怀狭窄，性情急躁，爱和人争论，比高低，常常挖苦或奚落别人，一句话不如意，就喋喋不休，吵个没完，而且又常常出言不逊。不少同事都认为这个人是"刺头"，怕"引火烧身"，都躲得远远的。可是大家要是在一起工作靠"躲"也不是个办法。车间领导找他谈话，指出他的毛病，希望他今后和同事搞好关系。可是萧某自视自己军校毕业，又想当一官半职，而领导"不识才""不重用"自己等，现在领导他的人，他又认为不如自己——所以，领导找他谈话，他认为是有人告他的状，和他过不去。领导话没谈完，他便中途拂袖而去。老毛病不但未改，反而变本加厉。无奈情况下，厂里决定把他调到另一个单位，让他在新环境冷静思考一下，可是，萧某认为是领导整他，满肚子气、满肚子火。

实际上，萧某天天都在寻找发泄机会。偏偏这个时候找他谈话的那位领导又被上级任命为厂里主要领导，萧某火气更大了，萧某发泄的机会终于来了：

一天，恰巧那位领导的太太吴某和萧某一起乘车去办事。车上有很多人。他指桑骂槐，声嘶力竭，骂了一路。本来萧某想激吴某反击，这样他就可以痛快地指名道姓地把他的愤懑全发泄出来。可是吴某沉着冷静，"置若罔闻"，面不改色，一切如常。车上的人无不佩服吴某的宽阔胸怀。吴某的沉默，既赢得众人的尊敬，又没有给萧某火上浇油。可以想象，如果吴某不冷静和他吵起来，会是什么结果！

那种骄横自傲，抱怨社会不公，受不了一点批评，动辄就暴跳如雷的人，不仅严重扭曲了自己的人生，也摧毁了自己的生命这是做人的大忌。萧某的生活一直过得很压抑、很痛苦。60岁左右就离世而去，大家都为他痛惜。生命属于人只有一次，要从多方面呵护它。有健康的生命，才能做更多的事情，才能更长的时间守护家庭。

人生有太多不如意的事情。"小不忍则乱大谋"，要成为我们人生的座右铭。对一个有志向、有理想的人，一定不要被别人的不良情绪、不良行为所左右，不计较个人得失与荣辱，不在一句话，一件小事上纠缠。牢记发泄不如冷静思考。民族英雄林则徐在自己房内挂"制怒"条幅来提醒自己"控制情绪"，俄国著名作家屠格涅夫劝人吵架前先把舌头"在嘴里转十圈"，就是这个道理。下面一个小故事告诫人们：沉着、冷静思考是多么重要。

有一个小伙叫阿光，刚大学毕业，学的是英语专业。他对自己的听、说、读、写的水平相当自信，因此寄出很多英文简历到一些外商公司去应聘，他认为肯定会有许多单位要他。

然而一个又一个礼拜过去了，却杳无音讯。阿光的心情开始忐忑不安，就在此时他收到了其中一家公司的来信，内容刻薄地说："我们公司不缺人，就是有职位空缺，也不会录用你，因为从你写的履历来看，你的英语水平相当于高中生水平，连一些常用的文法也错误百出。"阿光看来信后气得捶胸顿足。他越想越气，于是提笔打算写一封回信，把对方骂一顿，清除自己的怨气。

当阿光下笔之际，他忽然冷静下来问自己，对方不认识自己，不会无缘无故写信批评他。也许自己太自以为是，而犯了一些自己没有觉察到的错误。

阿光的怒气平了之后，又认真反复读了公司的来信，并且给公司写了一封感谢信，谢谢他们指出自己的不足之处，遣词用字诚恳真挚，把自己的感激之情表露无遗。

几天之后，阿光又收到这家公司寄来的信函，通知他他被录用了。

沉着冷静的头脑比聪明的头脑重要，沉着冷静是自身力量的一种表现。俗话说，有理不在声高。在我们的人生道路上，不论在什么情况下，把沉着冷静放在行动之前，越是复杂的事情，越是触发自己荣辱的事情，越是触及自己利益的事情，越应该三思而后行。

低调做人

林则徐名言："海纳百川，有容乃大；壁立千仞，无欲则刚。"一个人的一生是要做事的，尤其是一个有才华有雄心的人，是一个可做大事成大业的人。可是有能力做大事和最后成大事是两回事。一个有才华有雄心想做大事，建功立业的人，首先必须低调做人，低调为人处世。正所谓"花要半开，酒要半醉"——凡是鲜花盛开妖艳的时候，不是立刻被人摘去，就是衰败的开始。人生也是如此。当你得志，事业有成时，如果你不收敛锋芒，夹起尾巴，掩饰起你的才华和雄心，你很可能被别人当成靶子。

锋芒毕露引起杀身之祸的事例，在历史上称作：为人臣者功高震主。打江山时，各路英雄好汉聚一麾下，锋芒毕露，雄心勃勃，一个比一个本事大，都想技压群雄，争头功。主子当然需要这些武艺高强，才华出众的人，来实现自己雄霸天下的野心。但天下已定，这些虎将功臣就成了皇帝的心病，成了皇权的威胁，皇帝日夜难寝，所以屡屡有开国初期诛杀功臣的事，正所谓"卸磨杀驴"。韩信被杀，明太祖火烧庆功楼——无不如此。像诸葛亮，刘备活着的时候，他可以那样运筹帷幄，满腹经纶，锋芒毕露，尽力施展才华，用不着担心受猜忌，因为刘备是明主，而且刘备离不开他，由诸葛亮全力辅佐才打下一份江山，三分天下而有其一。可是刘备临终前就不放心了，说什么：阿斗能行，你就扶他；如果他不行，你就代替他。诸葛亮何等聪明，连忙下跪，磕破头，向刘备表衷心，以避杀身之祸。阿斗继位，诸葛亮尽收锋芒，一方面行事谨慎，鞠躬尽瘁，一方面则远离权力中心——皇权，于外地征战，以免小人进谗言惹杀身之祸。这是诸葛亮低调做人的明智之举。

才华横溢的孔融则相反。他太张狂，锋芒毕露，咄咄逼人，再加上他的言论多和传统礼数相背，所以得罪很多人。孔融向来直言，在大臣面前丝毫不给曹操面子，多次反对曹操的决定，使得曹操非常尴尬。同时孔融公开忠于汉王室，反对曹操分封诸侯，触犯了曹操的根本权益。这些都为孔融带来了杀身之祸，也连累了他的家人。

曹操杀孔融可以说是孔融自掘坟墓。本来以孔融的才学，如果他懂得审时度势，或者韬光养晦，不会遭曹操斩杀。

在当今社会，此理亦然。与人往来，与领导交往的技巧就是表现出一点"愚拙"，别人或领导讲话时认真听，不插话，不随便提问题，尤其不反驳——总之有礼貌。如果你做得很到位，"愚拙"掌控得恰到好处，才华显露到适可的程度——领导和同事认为你有能力，有才华，忠恳实在，无张扬之意，就接纳你。

你不露锋芒，可能永远得不到重用；你锋芒毕露却又易招人嫉妒和算计。聪明人就是在寻找平衡点。在心理交往的世界里，低调而豁达的人总能赢得更多的朋友，受人敬重，总有机会升迁担当重任。

英国大文豪萧伯纳出名后赢得了众多人的羡慕，但是他年轻时特喜欢出风头，说话尖酸刻薄，谁要是跟他说话，便会受到奚落或者有被奚落之感。一天，一位老朋友私下对他说："你出言幽默，风趣，但是大家都觉得如果你不在场，他们会更快乐。因为他们比不上你，有你在大家便不敢开口了。你的才干确实比他们略胜一筹，但这么一来，朋友将逐渐离开你，这对你有什么好处呢？"

老朋友的话使萧伯纳如梦初醒，他感到如果不收敛锋芒，彻底改过，社会将不再接纳自己，又何止是失去朋友呢？从此，他立下誓言，以后再也不讲尖酸、挖苦和奚落别人的话了，下决心把自己的聪慧发挥在文学上，这一转变不仅奠定了他后来在文坛上的地位，同时也广受各国读者的仰慕。

你的才华不一定要张扬让别人知道，时间会证明一切的。你只要是金子，人们总会看到它发光的。低调做人，使你在与人共事时，留下较大的回旋空间，不但是一种自我保护，也能让人认识到你内在的气质和秉性。低调做人能得到他人的信赖，因为低调不会对别人或领导构成威胁，更容易赢得其好感和与其建立良好关系。

待人友善和充满爱心

人的一生从事着各种各样的工作，一直离不开和人打交道。从古至今，人们都在讨论人际交往的关键是什么，其实"与人为善"早就给人们提供了最经典的答案。

人与人交际的关键是友善。我们想扩大自己的视野，想使自己事业成功，想得到"贵人"的帮助和指点，就必须建立起良好的人际关系；想做大事业，取得大成功，就必须建立更高层的人际关系。靠什么建立这些人际关系，就是真诚地"与人为善"。与人为善，才能广结人缘。"多个朋友多条路，少个敌人少堵墙。""朋友多了好办事，没有朋友十字路口晃。"陈嘉庚、李嘉诚等都是生意场上的巨人，大金融家，在生意场上他们有千千万万个朋友和伙伴，经过几代人还在一块儿做生意，他们靠的就是诚信和与人友善。前面我们讲了陈嘉庚替父亲还债的故事，陈嘉庚想的是欠人家的钱一定要还，谁挣钱都不容易——出发点就是与人为善。因此南洋商人不但愿意和陈嘉庚做生意，而且他们成了很好的朋友。李嘉诚也是如此，他的理念是大家既是伙伴又是朋友，是朋友就要相互帮助，共患难，有钱大家赚。他在生意场上能拿到六分时，坚持只拿四分，能拿到八分时，坚持只拿六分。只有让利，大家才能合作下去。让利是一种理智的人生策略，也是传达善意，与人友善的具体体现。

世上的事变幻不定，常常有许多意想不到的不利因素发生。人外有人，天外有天，人生不可能总是赢的人生，不可能总是顺利的人生。人生恰恰是不顺利多于顺利的。予人友善和爱心，帮助别人，你不求回报，可是当你遇到有难、遇到不幸时，别人也会予你友善与爱心，伸出援助之手来。《锁麟囊》这出戏常演不衰，就是因为它的寓意对人生很有启迪。

这出戏的主人公是两个出嫁的小姐，一富一贫，富者嫁妆满载，贫者空空如也。路途中下大雨，都到庙里避雨相遇，富小姐见一小姐哭泣泪水洗面，富小姐甚是同情，一问得知是家贫，娘家没有送什么嫁妆，无脸见公婆，怕遭人嫌弃。富小姐慷慨解囊，把贵重嫁妆"锁麟囊"送给啼哭的小姐。后者非常高兴，因而改变了她的尴尬与难堪，一再向前者表示感谢；前者做了善事也十分欣慰——时光流逝，命运变换，两位主人公贫富移位，变贫者自然又受到变富者的回报。

虎门销烟的英雄林则徐，官至两广总督与钦差大臣，可是道光皇帝为推卸鸦片战争失败的责任，一夜之间林则徐由一品大员变成了钦犯，发配到新疆伊犁，戍边垦荒。

林则徐为官期间，刚正不阿，不谋私利，涵养很高，与人为善，以礼待人，在官场中结识了许多朋友，大家十分敬重他的人品，称他为"林公"，视他为"良师益友"。得知林则徐被罢官时，许多官员纷纷上书道光皇帝，要求复用林则徐，军机大臣王鼎，以死谏之，震动朝野——

在林则徐去伊犁的路上，地方官员热情迎送，生活上照顾周到，特别是新疆将军布彦泰亲自派兵，带着米面、猪羊肉去边境迎接，待林则徐为上宾。

在新疆期间，布彦泰、庆昌常请教林则徐边关防务与建设问题。林则徐是一块金子，到哪里，哪里就发光。他在新疆的表现，布彦泰以高度赞扬上书道光皇帝。不长时间，林则徐被复用，一直做到云贵总督。林则徐刚正不阿、与人为善，做得非常到位，深受人们的爱戴和尊敬。

以上的故事和历史上无数类似的故事，都告诉我们，人类社会是一个命运共同体，无论你是什么状况，你都要有良好的人品，低调做人，关心他人，与人为善；人际交往中，要让利换友谊，做善事种友谊，待人如宾，巩固友谊。人与人之间一旦建立了深厚的友谊，成了朋友，你的人生路，不论顺境还是逆境，都有路可走。

有很多因素影响人，但做人必须有原则，外在的表现是一种形式，内心必须固守自己的尊严。我们没有必要去刻意逢迎什么。

有能力的人才有性格；

有自信的人才有性格；

有性格的人才受人尊敬；

有性格的人才能做大事；

有性格是造就辉煌人生的前提。

第七章
知识滋养人生

学会用心感悟文化

　　当今社会，文化被许多人误解，认为看点书、拿个文凭就是文化人，所以，人们往往将那些有文凭的人称为文化人。其实，文凭和文化是两码事，是完全不对等的。文凭只能证明一个人接受教育的程度，说明他具有一定的文化知识。或许你在学习文化知识之前就已经学习了某些文化，但可能只是接受了一些文化知识。而吸收文化营养的关键在于用心感悟。

　　尽管文化以文字为主要表达形式，但并不排斥非文字的东西加入文化的序列。没有进过学校的人，也能具有可贵的文化，禅宗六祖惠能就是典型的代表。

　　惠能生于公元638年，在他还很小的时候，父亲就因重病而撒手离去，惠能从此便过着艰辛的日子。幼小心灵的他，因为饱受人间冷暖、世事辛酸，而更珍惜人生。同时，相依为命的母爱、童年伙伴的友谊，让他对人间美好的真情充满了感激和珍惜。他开始思索人生的价值，探究生命的真谛。二十二岁那年，他在卖柴时偶然听人念诵《金刚经》，顿时，他仿佛受到一种神奇的点化，茅塞顿开。在那位善士的资助下，惠能告别老母，离开家乡，去湖北黄梅向五祖弘忍求法。

惠能来到黄梅，因为自身的不入流，被扔在碓房做舂米的工作。

一天，弘忍把众弟子叫到跟前，说道："生死是被世人公认的大事，你们整天只知道求佛得福，却不求脱离生死苦海。如果自己的心性都迷失了，那佛又能拿什么拯救你们呢？你们都去看看自己的智慧，取自己悟得的本心佛性，各自做一偈帖，呈给我看。谁悟得修佛精要，我就把衣钵传给谁，他将成为新的六祖。"

众人得了训示退出后，有人说道："我们何苦要按师父的话尽心做偈。即使呈给五祖，又有何用？五祖的弟子神秀，已在代师父授佛法，明摆着是由他继承五祖的衣钵。我们做偈是没有用处的。"众人听了这些话，都没有了做偈的心思，他们都承认自己的佛学修养在神秀之下，没有能力与他一争高下。

神秀当然希望自己能有此次机会在五祖面前显示自己，奠定作为接班人的坚实基础。

两天后的夜里，神秀悄悄地把偈贴到了步廊内。"身是菩提树，心如明镜台，时时勤拂拭，勿使惹尘埃。"

次日，有人发现了这个偈，报与五祖。五祖说道："所有的世相都是虚妄的，但按此偈尽力修行，至少不会误入恶道，大有好处。"

随即令门人诵读此偈，众人众口一词，赞不绝口。

五祖单独对神秀说："你作此偈，未见本身佛性，只是身在佛门之外，而尚未进门啊。如此见解，想得到无上菩提的大智慧，那是没有一点可能的；无上菩提，必须在言语中见到本身的佛性，凡是自身既有的佛性，不生不灭。在任何时候，佛性均会自现，万般佛法运行自由，不受禁锢；诸法实相，都不离自身佛性，万种实相亦在佛性之中。佛心不生不灭，才是无上菩提的大智慧，你佛道尚浅，如果能认识到这个见解，即悟到了无上菩提的本身佛性。你且去，在一两天之内思考，再写一偈予我看。你的偈如果入门，我就把衣钵传给你。"

　　神秀又经过数日的思考，还是作偈不成，反而忧心忡忡，坐立不安。

　　不日，有一个人路过碓坊，高声唱诵神秀的偈。惠能问童子："你诵的是何人的偈？"童子说："你这蛮夷不知道吗？神秀上座在南廊壁上书写无相偈，五祖让人们诵读，并说按它修行将大有裨益，能避免堕入恶道。"

　　惠能说："师父，我很惭愧在这里踏碓八个多月，都未曾到五祖堂前，还望您引到偈前礼拜。"

　　那人就引惠能至偈前礼拜，惠能说："惠能不识字，请您读读。"

　　于是他高声读偈给惠能听。惠能一听，颇有所思，就说："我也有一偈，望替我书写。"

　　"菩提本无树，明镜亦非台，本来无一物，何处惹尘埃。"

　　那人在廊壁上写完这个偈后，众人读后目瞪口呆，议论纷纷："奇哉！真是不能以貌取人，惠能来寺没有多少时间，怎么就成了肉身菩萨？"

　　五祖见众人惊怪，担心有人会因此偈对惠能动杀机，就将其擦了，说："也未见佛性。"

第二天，五祖悄悄来到碓坊，见到惠能正在认认真真地舂米，说道："求道的人，应当像这样啊！"

五祖问惠能："米舂好了没？"

惠能说："米舂好了，但还需要筛一筛。"

五祖用佛杖击碓三下就离开了。

惠能随即领会了五祖的意思，是要自己三鼓入五祖室。五祖用袈裟遮住自己的身体，任何人都看不出来，为他讲解《金刚经》。五祖讲到"应无所住而生其心"时，惠能大悟，认为世上万法，都不能离开自身佛性。遂对五祖说道："自身佛性，本自清净，本不生灭，本自具足，本无动摇，能生万法。"

五祖明白惠能此时悟到了佛性，就对惠能说："不识自身具有的佛心，学法没有长进增益；如果认识了自身佛心，并能显现自身具有的佛性，就可以称为丈夫、天人、师、佛。"

此后，每天的三更之时，五祖就教授惠能佛法，传顿悟教佛法及衣钵。

五祖说："你即将成为禅宗第六代祖，要善于自护佛念，把佛法发扬光大，广渡有缘有情之人，不要让它断绝。有情来下种，因地果还生，无情亦无种，无性亦无生。"

五祖又说："昔日，达摩大师初来我国传教的时候，国人都不信服他的佛道，因而传此佛衣，把它作为信物，代代相承。佛法则是以心传心，主要依靠自身的悟性自悟自解。自古以来，佛与佛之间只传佛体，师与师之间秘密传付佛心；佛衣为容易起争端之物，你千万保管好，切不可轻易给了别人。如果传了此衣，则命如悬丝，你必须迅速离去，不然你会危在旦夕，命不保矣。"

惠能询问五祖："我向什么地方去？"

五祖说："逢怀则止，遇会则藏。"

三更天，惠能领得衣钵，五祖将他送到九江渡口，并目送惠能上船，摇橹而去。

惠能离开了黄梅东山寺。与此同时，神秀也决定离开寺院，独自到湖北当阳玉泉山，离群索居，潜隐修行。

十五年之后，两个僧人在广州法性寺因风幡之动的争论而名极一时。一位僧人语出惊人："不是风动，不是幡动，仁者心动。"这位不同凡响的居士，就是隐居了多年的惠能。"东土耶，西土耶，菩提圣树灵根不二；风动焉，幡动焉，禅宗法要一脉相传。"于是，风幡之动——六祖归位——惠能在法性寺出家、受戒。

从此，禅宗作为人类文明史上最为璀璨的奇葩，越开越盛。

公元713年，禅宗第六代祖师惠能，在故乡的国恩寺圆寂，度过了七十六个春秋。这位不识字的惠能，为中国思想史留下了一部光辉巨著——《六祖坛经》，这部书是惠能在大梵寺说法的所有记录。

惠能离世后肉身不腐，至今依旧供奉在南华寺内。

一个大字不识的人，他靠什么悟佛道呢？是心。惠能用心观察，用心体会，用心思考，才有了心的感悟。

从惠能大师的经历中，我们可以领会到，文化需要他人传授，然而更重要的是自身的潜心修道。如果把书读死了，即使读得再多，也进不了文化的门。

许多接受过良好教育的人都有着丰富的文化知识，却缺乏与知识相对应的文化底蕴，没有明确的人生目标和特有的个人文化。如此一来，人际关系就很容易僵化，经常发生情绪波动的情况，整天生活在忧愁与苦闷之中。感悟人生，才能品尝到文化的真谛；领悟生活，才会明白人生的意义和价值。

没有丰富的阅历，就不会有深切的感受；没有主动思考，就不会有任何心得与积累。只有积累心得，找到规律，才能拥有智慧；有了智慧的积累，才会有人生哲学。你所拥有的人生哲学是一种态度，是你个人价值的精髓，它包含着你的价值理念和人生观，也包括你的生活态度与处事方式。

一个有志气、有理想的人，应该有自己的个人文化。

个人文化的形成要靠自己去领悟。知识无边无际，深不可测，因而穷尽人的一生，也难以面面俱到、样样精通。而且，书本的知识永远都在书本上，如果只是泛泛了解，没有深挖，即使读得再多也无用。只有经过领悟的知识，才能熟练地运用；只有被运用的知识，才能算得上是自身的。换句话说，知识只有经过自身心灵的炼化，才能成为文化。文化永远都需要被感悟。"忆着当年未悟时，一声号角一声悲；如今枕上无闲梦，大小梅花一样香。"只有感悟到了事物的真谛，才能明白生活的真谛、文化的本质。

学会建立个人的文化核心价值

在逐渐了解茶道的功用和意义后，你不妨将之视为一种兴趣。通过饮茶调节自己的情绪，将自己锻炼成一个心态平和的人；通过品茶加强人格修炼，抛弃一切杂念与虚荣的念想，做一个有益于社会、有益于自我的人。

鉴真大师刚刚遁入空门时，寺里的住持让他做一个谁都不愿做的行脚僧。

他每天都很勤奋地做着住持交给自己的工作，两年里从未间断，也没有一次让住持对他的工作觉得不满。可是，他一直想不明白，为何别人那么轻松，而自己一直要做寺里最苦、最累的工作，还一做就是两年。

他认为自己很委屈，觉得住持偏心，其做法有失公允。有一天，已日上三竿，鉴真依旧大睡不起。住持很奇怪，推开鉴真的房门，却发现一大堆破烂的瓦鞋堆在床边。住持不解，于是叫醒鉴真问道："你今天不外出化缘，堆这么一堆破瓦鞋干什么？"

鉴真打了个哈欠说："别人一年都穿不破一双瓦鞋，而我入寺一年就已穿破了这么多双鞋子。"

住持马上明白了鉴真心中的不满，他微微一笑说："昨天夜里刚下了一场雨，你随我到寺前的路上走走吧。"

寺前是一座黄土坡。刚下过雨的路面泥泞难行。

住持拍着鉴真的肩膀说："你是愿意做一天和尚撞一天钟，还是希望自己能成为光大佛法的一代名僧。"

鉴真回答说："当然想做光大佛法的名僧。"

住持捻须一笑，接着问："你昨天是否在这条路上走过？"

鉴真说："当然。"

住持问："你能找到自己的脚印吗？"

鉴真十分不解地说："我每天走的路又干又硬，怎会有脚印留下，更何况要找出它们呢？"

住持又笑笑说："假如你今天在此走上一遭，你能找到你的脚印吗？"

鉴真说："当然能了。"

住持不再言语，笑着望着鉴真。鉴真愣了一下，然后，明白了住持的教诲，开悟了。

鉴真明白了：别人走过的路永远不是自己的，只有自己去走才会找到自己的路。

自己的感悟就是支撑个人脊梁的文化。一个缺乏文化底蕴的人，灵魂必然很空洞，既没有确定的人生目标，也没有正确的价值观。不经过良好文化的熏陶，其认识必然是浅薄的。只接受低俗的文化，必然走不出庸俗的迷谷。贪图享乐、近功逐利，最终会沦落为一个道德败坏的人。只有经过文化洗礼的人，才能坦然接受生活的考验，用智慧写出多姿多彩的人生篇章。

个人文化的提升需要不断努力。文化的提升从来就没有捷径，也不单是死记硬背一些词句篇章，或懂得一点智谋典故。文化的修炼必须置身于生活中，结合自身的实际情况，找到自己的位置，体现自己的人生价值，体验真谛。

从前，在一座小镇上，有两个截然不同的人在争吵。一个人贫困，但有学问；另一个人富有，但无知。富翁想贬低穷人，他觉得所有人都要向自己致敬。富翁对有学问的人说道："你觉得你应该受到别人的尊重吗？像你这样的人，学问再深也没用。住在破房子里，一年四季都穿一样的衣服，还是破烂烂，连正常的一天三顿饭都解决不了，活得多难受呀！我虽然没有喝过多少墨水，但我天天吃喝不愁，穿着华贵，家里的财富不仅我自己享用不尽，就是我家再往下数三代，也能富足无忧。你还觉得知识有用吗？"

这些极为狂妄的话深深地刺伤了那个穷人的心，但他修养很高，不予争辩。没过几年，富人家里遭到了土匪的洗劫，富人拼命保护财宝，被土匪用刀砍伤，房子烧了，钱也没了。最终，富翁落下残疾，沦落为乞丐。他的儿子因为不识字，又吃不得苦，便自杀了。

而那个穷人，靠文化知识吃饭，当上了私塾先生，并为镇上的人们出谋划策，最终备受尊重和款待。

财富乃身外物，可能下一刻就会消失，而知识却能深入人的灵魂，是一辈子的财富。如果有文化滋润心灵，那么你一生都能活得踏踏实实。文化的培养，需要一个艰苦努力的过程。俗话说："吃得苦中苦，方为人上人。"众多事实都证明了"补药"不如"苦药"。这个"苦"，就是生活的磨砺。

每晚吃饭的时候，山林总能闻到一股诱人的肉香。那是从对门邻居的餐桌上飘来的，他每次都会使劲地吸气，想把香气都吸到自己的身体里。时间一长，山林仅仅闻一下味道就能判断出对方吃的是什么肉。山林不明白邻居家的餐桌上为什么总会有肉，而他和妈妈却只有蔬菜。

山林经常情不自禁地站在门口看邻居一家吃肉，一不留神，口水就流出来了。

邻居有时也会夹上一块肉给他，然后说："回去吧，叫你妈也买点肉吃。"

有一天，山林终于忍不住问妈妈："邻居家为何每晚都有肉，而我们家却没有呢？"

妈妈没有回答。

一个星期天，妈妈突然问山林："想吃肉吗？"

"想啊，我好久没吃肉了。"山林高兴地说。

"那好，你随我来。"妈妈说。

妈妈带着山林来到了一个工地上，她向工头要了一份搬1000块砖的活，都搬完了就能得到10元。妈妈对山林说："赶紧搬吧！弄完了就有肉吃。"

山林才搬了一会儿就觉得很累，腿脚麻得都站不住了，妈妈鼓励他："已经搬了100块了，可以得一元了。再努力一下就又可以得一元。"山林又支撑了一会儿，终于搬不动了。

"妈妈，干这事太辛苦了。"山林非常苦闷地伸伸胳膊说。

"歇一下吧！歇一下再搬。"妈妈说。

山林只好时搬时歇，而妈妈从始至终都没停下过。那天非常热，妈妈的衣服都湿了，像刚淋过雨似的。这种辛苦让山林想放弃，他试着把话说出去，妈妈说："孩子，不通过辛勤的劳动，哪能得到幸福呢？"

到了傍晚，母子俩终于完成了工作，妈妈从工头那儿领了10元钱。

这时候，山林累得都直不起腰来了。

晚上，喷香的肉摆上了餐桌，山林和弟弟妹妹们吃得非常香。

"孩子，我想你已经知道了邻居的餐桌上为什么每餐都有肉了吧。这就叫先苦后甜，你知道吗？"妈妈意味深长地说。

山林的心灵受到了震撼，面对餐桌上的肉，看着吃得正香的弟弟和妹妹，他哭了。

通过这件事，山林认识到，生活是自己创造的，只要努力就有可能达到。从此，他在学习和生活中严格要求自己，后来他顺利考取了重点高中，接着又考上了大学，并找到了心仪已久的工作。但是，不论何时，他都没有忘记"要靠自己创造新生活"，这句话陪伴他迈过了一道又一道坎。

经过自己深切体会的感悟是一生相伴的精神食粮，培养文化也是如此。它需要细心品悟、慢慢积累，再加上生活的磨炼，就会得出自己的人生哲学，形成个人文化。

金融和理财是知识的"维生素"

金融已成为现代社会的"血液"，它渗透于社会生活的方方面面。在一个全民投资的时代，金融理财关乎着每一个民众的切身利益，它可能让你走上致富之路，也可能慢慢榨干你的血汗钱。

从专业范畴来讲，金融学和理财似乎不该占据如此重要的地位，但考虑到全球长期通货膨胀的基本事实和未来预期，公民通过掌握一定的金融学和理财知识，对于保护自己的财富是很有必要的。

对于年龄稍长一点的人，中国20世纪80年代有一个让人听起来十分振奋的名头——"万元户"。那个时候的"万元户"是财富的象征，但是，如果现在生活在大城市的人家里有个三万五万，那他几乎就是无产阶级。因为在北京、上海、广州等大城市，几万元只能买几平方米的房产面积。

如今，普通民众所拥有的货币化财富快速贬值，钱存在银行里虽然有一定的利息，但利息的增长根本赶不上钱贬值的速度。研究表明，自1971年世界货币体系最终与黄金脱钩之后，各国货币的购买力都直线下降，至2006年，意大利里拉（1999年后折算为欧元）、英镑、加元、美元、日元、瑞士法郎的购买力分别下降98.2%、95.7%、95.1%、94.4%、83.3%、81.5%。以其中的主导货币美元为例，按购买力下降94.4%计算，2006年的18美元才相当于1971年的1美元。

全球货币的快速贬值对普通民众提出了一个严峻的挑战：如果一个人缺乏让货币增值的办法，则个人或家庭所积累的财富就会快速缩水，过去辛苦劳动的成果就会慢慢地付之东流。由此可见，掌握一定的金融理财知识可以保证自己的财产不流失，这是每一位民众必须考虑的大问题。在金本位废除之后，"勤劳致富"将不得不让位于"金融致富"了！

世界首屈一指的富翁沃伦·巴菲特就是金融理财方面的大师，与其说他是一位大师，还不如说他是金融致富路上的一位先知。早在1974年，《美国人》就发布了巴菲特"要致富，买股票"的号召，他说："现在很多人都为持有现金而感到欣慰，可他们不应该这样。事实上，他们选择了一种非常可怕的长期资产，这种资产最终不仅不会带来收益，而且肯定会贬值。"

不仅过去全球货币在贬值，而且在现在以及未来这种贬值的趋势仍然会持续。贬值的主要原因是各国的纸币在理论上是可以无限发行的，而各国政府为了达到逃避债务责任（尤其是美国，它是代表）、加强出口竞争力、刺激经济发展、保证政府GDP目标的实现等目的，就有了扩大货币供应的现实动力。至于货币如何贬值及其影响，这里不过多阐述。

由此可见，随着金融成为全球经济命脉及全球货币贬值的趋势化，掌握金融理财知识的优势显得非常突出。不光涉足金融领域的专业人士需要金融学知识，公司的高层管理者以及创业者都需要金融理财知识，金融理财知识对于民众的理财也是大有裨益的。

有两点是需要注意的：一方面，普通民众出于货币贬值的原因不得不进行必要的金融投资理财活动；另一方面，因为从事金融投资理财是一种高度专业化和高风险的行为，缺乏必要的知识和能力的投资者很有可能被快速"掠夺"而成为"无产者"。

为了谋取自身利益，全球金融精英已经构建了一个金融体系，这个金融体系的一部分已经成了社会的寄生体，它们本身并不创造多少社会价值，却大量地侵吞社会价值。尤其是许多金融创新工具，它们的出现并非出于社会的需要，而是精英们、为了自身服务而创造的平台工具。金融系统好比国家体系的构建，是一个"自服务系统"。国家的构建，在历史上的许多时期，都是一个服务于统治者自己的平台系统，它的设计和建立完全出于统治者的需要，并且按照统治者的意志运行。

中国的股市与全球的金融市场相差无几，所以，也必然包含着一定的财富掠夺行为。从中国股市创始至今，虽然它也有为民众创造财富的自我标榜，但它在为民众创造价值方面却是不尽如人意的：上市公司的跑马圈地，特殊资本的巧取豪夺，个别金融主体的不劳而获，各类高手的浑水摸鱼，加之良莠不分的专家有意无意地鼓噪甚至捕风捉影，媒体舆论的点火煽风……要在中国股市中生存和发展谈何容易，普通人涉足这个掠夺性的金融市场，常常是羊入狼群，危机四伏。

一方面，如果人们不投资，那么所积累的财富就会不断缩水；而另一方面，盲目的投资又经常为掠夺性的金融市场所吞噬，真是左右为难。出路在于：学习金融理财知识，培养投资能力，同时还要因人而异、因时而异地进行金融投资。

金融理财知识是知识的"维生素"，财产的健康与安全离不开它！

历史是人类延绵不绝的导师

前事不忘，后事之师。

法国历史学家布罗代尔说："历史学不应当偏好编造民族主义（民族主义应是常常受到谴责的），也不应当只关注人文主义（尽管人文主义是某些人所偏好的），重点是，如果历史学消失，那么国民意识也将因此不能存续，而如果丧失了这种国民意识，那么无论哪个国家，都不可能再有独立的文化和真正的文明。"中国近代知识界大儒梁启超说："史学者，学问之最博大而最切要者也，国民之明镜也，爱国心之源泉也。今日欧洲民族主义所以发达，列国所以日渐文明，史学之功居其半焉。"

历史学同样具有实用价值。用人的智慧、人际关系的处理、国家与国家之间的关系、管理的方针与政策、战争的谋略与艺术等等，无不或多或少地体现在历史中。因为历史的价值，汉代司马迁编写的历史名著《史记》，被后人颂扬为"究天人之际，通古今之变"；宋代史学家司马光主持编纂的规模空前的《资治通鉴》以历史经验补益治国方略，成为后来政治家们的重要参考；而毛泽东，为了深刻了解历史，以史为鉴，仅《资治通鉴》这部著作就阅读、批注了17遍。

历史上，每一个从前代夺得政权的朝代，都把前朝政治的失误当作前车之鉴，以免重蹈覆辙。朝代不断更迭，大政方针也不断变化。商朝重宗教、好法事，周朝则务立文教、勤民事。唐朝时期轻朝官、重藩镇，因此，导致了"安史之乱"，而且唐朝最终就亡在藩镇割据上；宋朝吸取唐亡的教训，实行厚文薄武、压制藩镇的政策，却导致国家积弱，最终被外族灭掉……这里讲一个叔孙通向刘邦献治国之策的故事，印证一下学习历史的价值。

叔孙通是西汉初期的政治家，主持制定了西汉一系列礼仪制度，他借鉴中国早期的制度，并将其应用到汉朝。这对汉朝国体的建立与完善以及皇权权威的强化，产生了积极的作用。

话说刘邦打天下时，积极废除了暴秦的一系列弊政。可当他做了皇帝后，仍不懂礼仪礼治的重要性，而刘邦手下的大臣、将军们，也大多出身微寒，知礼不多，君臣之间多不拘礼数。时间一长，刘邦自觉身为皇帝缺乏威严。叔孙通见皇帝有建立礼制的意思，便主动进言道："据臣所知，从前的三皇、五帝、夏、商、周都建立了各自的礼仪制度，只不过因时间不同，有些改变而已。我打算参考以前的礼仪，建立我朝的礼仪规则，只要陛下有决心，勤加演习，是不难实行的。"刘邦满意地应允了。

叔孙通挑选了30个儒生，加上自己的百余名门生一起编排演练礼仪，成熟后，让刘邦及文武大臣熟悉和练习。到了汉高祖七年，刘邦择日召开朝会，百官依礼而行，君臣各居其位，井然有序。刘邦大喜，感慨道："我到了今天才知道帝王的尊严！"他厚赏了叔孙通，并很快将礼仪制度在全国推行。

学好政治学、军事学是拥有大智慧的前提

伟大的需求和残酷的斗争都能催生伟大的智慧。政治学和军事学，是为了管理国家和保卫国家或个人生命安全而产生的，也是为了阻止战争、争取和平而产生。正因为这样，政治学和军事学的智慧，堪称实践意义上的最高智慧。

许多人往往不自觉地将"政治"与欺诈、霸权侵略等联系在一起，从而对政治心生不满。事实上，政治学是对政治、国家及其活动和规律进行研究的学科。现代政治学研究的主要对象涵盖政府以及其他类似的机构，例如，工会、企业、教会等等。"政治"是一个中立的概念，一种政治是"恶劣"还是

"优良"，与这种政治的具体形态密切相关。

当前，世界上每一位民众的生活都要与政治发生关联，无论是宏观的经济活动，还是微观的企业管理，甚至更为微观的个人发展，都深受政治管理的影响。因此，熟悉政治、理解政治对经济活动及个人发展的影响，事关重大。孙中山先生认为："国家最大的问题就是政治，如果政治不良，那么一个国家无论什么问题都不能解决。"

作为一位中国公民，与政治的关系更加密切，因为政治在许多方面都是一种主导力量：中国最有权力的组织和个人是"政治局""书记"；中国最重要的问题是"政治问题"；重大的事情，都要"讲政治"……列宁曾说"政治是经济的集中表现"，一句话道破中国经济与政治关系之玄机。在中国改革开放30年中，事业取得重大发展的，多数是领悟了政治的风向，并将经济领域的奋斗嵌入到政治与权力的体系之中的人。

对积极参与民族复兴的人来说，关心政治尤其重要。我们这个国家正处在特殊而又敏感的时期，虽然过去的许多有志之士难以在政治上大显身手，但全民族共同期待的复兴事业以及"天下兴亡，匹夫有责"的古训，一定能够赋予雄才大略者以历史性的机遇，大家不妨拭目以待。

军事学，这个独立且与历史学、政治学紧密联系的学科，是充满智慧和艺术的，甚至当前一些热门的学科和专业术语，都来源于军事领域，如"战略"等。

军事学是一个关于生死存亡和残酷斗争的科学与艺术，正因为如此，军事斗争的双方都在尽一切努力保存自己，消灭对手，因此使军事学的智慧达到了很高的境界。

但是，坦率地说，当代的管理学智慧，仍难以与军事学相媲美。比如，以战略管理而论，现在的任何一部关于企业管理的战略专著，都难与《孙子兵法》及克劳塞维茨的《战争论》相比，从立意的层次、立论的水平以及指导的价值这些方面来看，有关管理战略的著作都达不到军事战略著作的水平。

许多人认为，在当代这个以经济一体化为主导的全球发展环境中，经济学和管理学是主流，也应当是主要的知识方向。政治学与军事学是认识社会和指导人生的学问，它们不应该仅仅由政治家和军事家所掌握。如果缺乏政治的视野，现实生活中的许多问题就会无从解决。

举一个几乎影响全球经济的例子。

德国经济学家威廉·恩道尔在《石油战争》一书中说道，"近一个世纪以来的世界现代史就是一部石油竞争的历史，世界新秩序正在被石油政治所决定。这场没有硝烟的石油金融战的背后，博弈各方都拿着石油期货合约暗中展开较量，而历史上，石油一次次引燃战争之火"。2008年和2009年，恩道尔的见解在中国的专家学者及普通民众中产生了震撼性的影响，许多中国人因此转变了看待全球经济形势的视角和观念。过去，许多中国的经济学家往往借助西方经济学理论寻找全球经济生活中相关的重大问题的答案，而恩道尔的观点让他们恍然大悟：全球经济发展领域带有规律性的重大命题不可能仅仅依靠经济学来解决，研讨全球经济需要政治的视角和历史的视野。在温情脉脉的经济合作背后，充满着各种各样的政治矛盾和图谋，甚至充满着血腥的军事斗争。

经济学是源头狭隘的理论

现代社会日益需要经济学的指导，但经济学本身并不复杂，而且有很大的局限性：经济学理论是构建在不完善的人性假设之上的，这就注定了经济学不能完全解释和指导我们这个社会。经济学有用，但有时因为人们的理解与使用的不当，常常损害社会。

经济学大厦的构建，以经济学三大基本假设为基础：一是"稀缺性"假设，即资源是稀缺的，而济学的任务就是研究对稀缺的资源进行优化配置和充分利用的问题；二是"经济人"假设，即把人抽象为自私地追求最大利益的人，这一假设亚当·斯密早已经确定，后来又不断地被修正；三是"理性人"假设，即人在经济学上被假设为具备"完全理性"，能够"随时随地"、自觉地以清醒的姿态追求利益最大化的人。

现实中的高楼大厦是否坚固与地基有关，——现代经济学的巍峨大厦看似雄伟壮丽，但由于其基本假设有重大的缺陷，这就使其成为像是建在沙地上的高楼。所以，用经济学作为判断和指导社会发展的工具并不牢靠，应该引起足够的重视。

正像中国某位知名经济学家所说："一块土地用于种粮食，还是盖厂房、修机场、作停车场，应该按照具体情况而定，绝没有道理说永远是种粮食有优先权。可是保护耕地的政策却把种粮食永远地放在了优先地位，这对城市建设造成了巨大的障碍。"在他愚蠢的观念里，中国应该关心的问题不是粮食安全，而是经济发展。所谓的著名经济学家，居然连吃饭与城市发展孰轻孰重都分不清。如果这只是一个极端的例子，倒也没什么，但中国误国误民的经济学家已经形成了一种气候，在一定程度上甚至影响了国家的大政方针。

之所以说经济学应用不当有可能误国误民，是因为经济学的基本假设不能涵盖丰富的人性，而人性正是一切社会管理和经济管理的基础。另外，经济学所秉承的"经济论"不应该取代"价值论"，而一旦将"经济论"凌驾于"价值论"之上，功利主义和单纯经济主义就有可能舍本逐末，为了追求经济而侵害人类的其他利益，如自然、健康、审美等。全球范围内频发的自然灾害，尤其是发生在中国的自然灾害和环境破坏，"经济中心论"难辞其咎。

所以说，经济学是一门重要的学问。如果不能摆脱自身的局限，用自然学、政治学、社会学等多元的视角关注社会发展与经济发展，那么，经济学就有可能不是有用的，而是有害的。

在国家管理上，各国应当多听一些人文学科的专家的声音，少听一些经济学家的声音。这里不是指责经济学家，而是因为经济学家自身的局限性。国家发展不是经济这一件事，它需要物质文明与精神文明同步发展，而且精神文化的发展处于核心的地位。精神文化的发展取得成效，经济的发展自然水到渠成；反之，经济发展而精神文化没有发展，这种不良的经济发展严重时甚至会动摇民族的根本。

人们在较短的时间内就可以理解经济学的基本原理，但掌握了经济学的基本原理并不意味着能很好地洞察现实世界。因为世界演变的复杂之处在于其背后有深层的社会、政治、文化等基础，而这些深层的基础，把握起来又有很大难度，甚至可以说，较完全地观察和把握它们是不可能的。因此，当你听到有些经济学家对经济发展作预言时，最好保持怀疑的态度。

管理学包含着平凡的常识与文明的辉煌

企业成为社会经济生活的主体之后，管理学便开始流行起来。现实情况也是如此，管理学正成为一种普遍的学识。其实，管理学中的相当一部分，本质上只是一种常识，我们要将"高雅的管理学"还原成"常识的面貌"。

管理学，如果用文明的视野对其进行观察比较，则并不包括多少新的东西，它所表现出来的所谓的"新"，只是因为它所研究的对象——"企业"。这个特定组织的新属性的展开——有些新的东西还只是概念的新，只是用一个新的符号系统来重新诠释一些旧的东西。管理，究其核心是对人的管理，而管理人的智慧，在政治学、军事学、历史学、社会学、文化学等领域屡见不鲜，而且经典的学说可能更有价值。

许多成功的企业家从来没有学过管理学，这本身就说明，高级形态上的管理学并不具有实践价值的独立性，它的实践价值完全可以从其他知识的学习中获得。

管理学主要包含组织行为学与战略管理，其他课程根据专业方向决定是否学习。

组织行为学：一个企业在社会中的存在和发展离不开两种均衡，即企业内部的均衡以及企业对外的均衡。企业对内的均衡，就是指如何有效地管理复杂多变的员工，使之能够为企业贡献才智，同时又保证他们的贡献符合其应得的报酬，而这就是组织行为学所要解决的问题。

战略管理：从哲学的角度认识世界，可以发理世界在本质上是不确定的，它永远处于不断地运行和变化之中。战略管理的主要任务就是克服世界的不确定性，对外争夺资源、人才和市场，同时创造社会价值。战略管理以实现第二个均衡为目标，即克服不确定性，保持与社会的协调和发展。

人力资源管理具有很强的工具性，看似重要，但其专业价值有限。人力资源管理分为战略性人力资源管理和日常性人力资源管理。前者涉及人力资源的政策、用人的标准、高级人才的获得和使用、文化的创造等。不过，这并不局限于人力资源管理的范畴，许多时候它属于哲学、文化、价值观的命题以及领导哲学和艺术的范畴。

其他科目，兹不赘言。

管理学不应被神秘化，其实，管理学是一种简单的知识。比如，"王婆卖瓜，自卖自夸"就是一种品牌管理；农民决定种植何种作物，这就是产品和市场的定位；小老板说："兄弟们好好干。晚上我请客"，这就是激励和目标管理（这里面还包含文化管理的意蕴："兄弟们"一词拉近了相互的感情）。

女儿10岁时，妻子因为一个员工表现较差，在家里吃饭时说："××做得这么差，要是不行是不是辞掉算了？"女儿听了，马上说："让人辞职不好，你们不如事先约定每个月干什么，干到什么程度，之后以他的表现为标准，如果是干好了就奖励，干得不好，再根据表现扣工资和奖金，或者开除。"

事实上，女儿简单的几句话也是企业管理中的一个重要内容：目标管理和绩效管理。由此可见，管理是一种常识，是一种对待事理的方式。这不是取消管理学的独立价值，而是恢复管理学本来的面目。

宗教是人们获取慰藉的方式之一

在世界几大宗教的核心理念中，都包含着共同的劝善理念。因为有宗教的广泛存在（宗教是一种在世界各个民族、各个国家都存在的社会组织，至今依然影响着全世界近2/3的人口）以及宗教对真、善、美的教育和引导，世界的和平与发展才得以实现。

宗教可能具有迷信色彩，但它又不等于迷信。随着科学的进步，人类极大地拓展了对世界的认识，但科学显然还不足以解释所有问题。宗教则是用自己的方式诠释着这个世界，诠释着那些持久萦绕于人们心中的困惑。

了解宗教，对于把握世界文明的结构，世界范围的冲突、对抗、合作与共享等有着重要的帮助。不了解这些，在国际关系上就有可能找不到正确的答案。发生在2001年9月11日的"9.11"事件，被认为是伊斯兰文明与基督文明发生冲突的结果。如果不了解两个文明之间的冲突关系，那么我们对恐怖主义就会束手无策。

世界文明的冲突、对话与共存，源于不同文明价值世界的相互作用。在全球化的今天，理解宗教对于理解文明世界的存在方式以及国家间在其他领域的交流都有着现实的帮助。

一些人往往以一己之偏见否定宗教的价值，视宗教为愚昧与迷信的产物，期盼宗教早日灭亡，这其实是一种谬误。中国当代社会出现的道德与价值观的凌夷，与传统文化信仰的弃守有关。而恢复中华民族普遍的文化信仰，创造一个有信仰、有道德的社会，对国家发展至关重要。如果没有信仰，没有高尚的心灵，没有对真、善、美的追求，即使付出再大的努力，和谐社会的形成也只能流于空想。

借别人的钱，做自己的生意

法国著名作家小仲马在他的剧本《金钱问题》中说过这样一句话："商业，这是十分简单的事。它就是借用别人的资金！"

借别人的钱来做自己的生意，对于那些白手起家的人来说，这是最快速的赚钱方法。因为创业时，需要有一定的资金，才能使自己的事业有效地运转起来。不论是多么好的目标、设想和计划，如果没有一定的经济力量作为支撑，只能是纸上谈兵。所以，人们才会说"资金是维持事业生命的血液"。

胡雪岩作为一位商人，十分懂得借别人的钱做自己的生意。

胡雪岩要开自己的钱庄时，对外号称拥有本钱20万两，事实上，当时的胡雪岩身无分文。虽然王有龄已回浙江任海运局坐办，但只是让胡雪岩有了一点儿官场势力，银钱方面根本没法帮他多少。而胡雪岩的钱庄要想开办得有点儿样子，至少需要5万两银子。

虽然资金不足，但胡雪岩依然要把自己的钱庄开起来。在他看来，只要弄几千两银子，先把场面撑起来，钱庄的本钱，不成问题。

胡雪岩有这样的把握，是因为当时他心中已有了自己的"成算"，这"成算"就是所谓的"借鸡生蛋"。

所谓"借鸡生蛋"，说穿了，就是拿别人的银子做自己的生意。当时的胡雪岩想到了两条"借鸡"的渠道。一条渠道是信和钱庄垫支给浙江海运局支付漕米的20万两银子。王有龄一上任，就遇到了解运漕米的麻烦，要顺利完成这一桩公事，需要20万两银子。胡雪岩与王有龄商议，建议让信和先垫支这20万，由胡雪岩去和信和协商。这对信和来说自然也是求之不得的事。一来，王有龄回到杭州，为胡雪岩洗清了名声，信和"大伙"张胖子正巴结着胡雪岩。二来，信和也正希望与海运局接上关系，一方面由于海运局是大主顾，为海运局代理公款往来一定有大赚头；另一方面，也是极其重要的一方面，由于海运局是官方机构，能够代理海运局公款汇划，在上海的同行中必然会被刮目相看。声誉、信用就是票号钱庄的资本。能不能赚钱倒在其次。有这两条，这笔借款当然一谈就成。本来海运局借支这20万两只是为了解短期应急，但胡雪岩要办成长期的，他打算移花接木，借信和的本钱，开自己的钱庄。

胡雪岩"借鸡生蛋"的第二个渠道，则是一个更为长远的渠道。那就是借助王有龄在官场上的势力，代理公库。胡雪岩预料到王有龄不会长期待在浙江海运局坐办的位置上，一定会外放州县，到时候，他可以代理王有龄所任州县的公库。依惯例，道库、县库公款往来不付利息，相当于白借公家的银子开自己的钱庄。他把自己的钱庄先开起来，当时虽然大体只是一个空架子，但一旦王有龄外放州县，州县公库必须由自己的钱庄来代理，那时公款源源而来，空的也就变成实的了。

就这样，胡雪岩凭借王有龄的关系，从海运局公款中挪借了5000两银子，在与王有龄商量开钱庄事宜的第二天，就开始延揽人才，租买铺面，把自己的钱庄轰轰烈烈地开了起来。

而在胡雪岩打算开胡庆余堂的时候，管理的人找到了。药方也找到了，给药店打广告的方法也找到了，却缺少资金。怎么办呢？胡雪岩就想到了一招，借鸡生蛋，但是，借谁的呢？这时，胡雪岩把目光瞄准了黄宗汉。

黄宗汉做了几年江浙巡抚，贪污受贿了不少银子，胡雪岩想让黄宗汉在胡庆余堂入股。因为，在当时那种兵荒马乱的时代，开药店肯定只赚不赔，同时又能够得到济世救人的好名声。黄宗汉本来就是一个贪钱贪名的人，一听胡雪岩说有钱可赚，又能够得到好名声，自己有的是银子，那为什么不入股呢？于是，黄宗汉在胡庆余堂一下就入了两万两银子的股，这对于胡庆余堂来说，真是雪中送炭的一笔钱。

不只是胡庆余堂，胡雪岩的典当业也是在两手空空的情况下开办起来的。

苏州城是全国有名的富庶之地，当太平军快打到苏州的时候，苏州城的那些富人们纷纷携妻带子地去上海避难。尽管他们的房产、田产带不动，但是那些现银是可以带走的，于是，一车车的银子运到了上海。胡雪岩得知这一信息后，便有意地去结识那些富人，一来二去混熟了之后，胡雪岩就"算计"上了他们的银子。胡雪岩建议那些富人把那些现银存入他的阜康钱庄，这样既保险，又能够得到利息，何乐而不为呢？在利息的诱惑下，这些富人纷纷把钱存入了阜康钱庄，胡雪岩共得现银20多万两。这可把胡雪岩给高兴坏了，有了这20多万两的现银，典当行可以开好几家了。

胡雪岩很多时候都借别人的钱，做自己的生意。

下面我们再看看丹尼尔·洛维洛如何从一个身无分文的穷光蛋，通过借别人的钱而变成了人人瞩目的大富翁。

1937年，丹尼尔·洛维洛来到纽约，想向银行贷款把一艘船买下来，改装成油轮。当银行的人问他有什么可做抵押时，丹尼尔将自己的打算告诉了对方。他说，他把油轮租给一家石油公司，每个月收到的租金正好可每月分期还他要借的这笔款子，所以，他建议把租契交给银行，由银行定期向那家石油公司收租金，就当是他在分期还款。这种做法似乎有些荒唐，但实际上，它对银行来说是相对保险的。最后，钱顺利转到了丹尼尔的手中。丹尼尔·洛维洛用这笔钱买了他要的旧货轮，改为油轮租了出去，然后再利用油轮去借另一笔款子，再去买一艘船。如此几年后，每当一笔债付清了，丹尼尔就成了某条船的主人，租金不再被银行拿去，而是放进他自己的口袋里。就这样，丹尼尔·洛维洛没掏一分钱，便拥有了一支船队，并赢得了一笔可观的财富。

不久，又一个利用借钱来赚钱的方法在他脑海里形成。

丹尼尔·洛维洛设计一艘油轮，或其他有特殊用途的船，在还没有开工建造时丹尼尔·洛维洛就找到客户，将船租出去，然后拿着租约，跑到银行去借钱造船。这种借款采用延期分摊还的方式，银行要在船下水之后才能开始收钱。船一下水，租费就可转让给银行。于是，这项贷款就以上面所说的方式付清了，丹尼尔·洛维洛就以船主的身份将船开走，但他一分钱都没花。

几年下来，丹尼尔·洛维洛成了真正的船王，连奥纳西斯和尼亚斯两位大名鼎鼎的希腊船王也甘拜下风。

在现实生活中，总是有许多经营者前怕狼后怕虎，不敢借贷，不愿举债，从而错过了许多发家致富的机会。在现代市场经济中，不要沉湎于"既无内债，又无外债"的小本经营的心理状态中，要敢于借贷、善于用贷、巧于用贷、会用别人的钱发财，这样的创业者才是高明的经营者。

借别人的口，做自己的品牌

胡雪岩认为：如果自己不好意思说"王婆卖瓜，自卖自夸"的话，那就借助别人的口来实现自己的目的吧。

阜康钱庄成立之后，王有龄被任命为湖州知府，但是王有龄又不想丢了海运局这一个肥缺，于是，胡雪岩就以一万两银子的代价让巡抚黄宗汉答应让王有龄兼任海运局坐办一职。本来这一张一万两银子的银票交给一家钱庄汇给黄宗汉就行了，但是胡雪岩却想借助这一万两银子的银票来扩大阜康钱庄的声誉，并抬高助手刘庆生的地位。

在浙江省内，巡抚是最大的人物，若让人知道刘庆生居然能把巡抚大人这样的主顾拉到手，同行还会有谁敢小看他。到时不止刘庆生，就是阜康钱庄也会受到人们的猜测：阜康钱庄刚刚成立，就能拥有巡抚大人这样的主顾，是不是阜康与巡抚大人有什么关系？这样的猜测越多，对阜康钱庄就越有利。

等胡雪岩说明了自己的意思，刘庆生高兴得不得了，毕竟这是东家对自己的信任，要不然也不会让自己去办这样的事情，所以刘庆生在心底里想着一定要把这件事办好。刘庆生穿戴一新，雇了一乘小轿，来到自己原来当伙计的大源钱庄。大源的伙计无不注目，以为来了什么大主顾，谁知等轿帘打开，却是刘庆生，个个讶然，心里不免妒忌和羡慕。刘庆生虽然略有些窘态，但他天生一张笑脸，所以大家也都不好意思去挖苦他。

见了挡手孙德庆，稍稍寒暄之后，刘庆生直入正题："我有笔款子，想托大源汇到京里，汇到'日昌升'好了。这家票号与户部有往来，比较方便。"

"多少两？"孙德庆问道，"是捐官的银子？"

"不是，是报效黄抚台的款子，纹银一万两。"

听说是巡抚大人的款子，孙德庆的表情马上就不同了，"咦！"他惊异地叫出了声，"庆生，你的本事真不小，抚台的钱都搭上了。"

"我哪里有这样的本事？另外有人托我的。"

"哪个？"

刘庆生故意笑笑不说，卖个关子，让孙德庆自己去猜，也知道他一定一猜便着，偏要叫他自己说出来才够味儿。

"莫非是你东家？"

"正是。"刘庆生看着他，慢慢地点头，好像在说，这一下你知道胡雪岩的厉害了吧。

孙德庆带着困惑和羡慕的表情，把银票拿出去交到柜上去办理汇划手续，随即又走进来问道："你们那家号子，招牌定了没有？"

"定了，叫'阜康'。"

"阜康！"孙德庆把身子凑了过来，很神秘地问道，"阜康有黄抚台的股子？"

刘庆生故作神秘地答道："我不晓得，想来不会，本省的抚台，怎么可以在本省开钱庄？"

"你当然不会晓得，这个内幕……"孙德庆诡秘地笑笑，不再说下去，脸上是那种握有独得之秘的得意。

等把汇票办好，刘庆生离开大源，来到胡家，一面交差，一面把孙德庆的猜测据实相告。

胡雪岩得意地笑了，这正是他所要的效果。胡雪岩知道那孙德庆嘴巴快，很快，阜康钱庄的后台是黄抚台的消息就会传遍杭州，他充满信心地对刘庆生说："让他们去乱猜，市面'哄'得越大，阜康的生意越好做。"

就这样简简单单，胡雪岩借助孙德庆的嘴，把阜康钱庄的名声打了出去，杭州城人人都知道阜康钱庄有黄巡抚这样的靠山，所以，没有人敢对阜康钱庄的信誉产生怀疑。于是，阜康钱庄收到的是源源不断的存款。

借他人之口，成自己之事，这是一种借力之学，也是一种成事的方法。因为很多事凭自己的口说出去，别人没那么容易相信，但是通过第三方说出去就不一样了。所以，当我们自己说不出口或者不方便说的时候，就要学会借助别人或者其他的形式说出来。

真正有头脑的人，都善于利用舆论来为自己服务，牢牢地锁定目标，制造出"非我莫属"的声势。一个人要善于人为地为自己制造一些焦点和声势。即使有雄心也不要急于行动，而要懂得利用方方面面的力量，为达到自己的真正意图摇旗呐喊，这样会达到事半功倍的效果。

第八章

做事的学问

我们在第六章叙述了做人的原则，其目的是为了更好地做事，只有会做人的人，才能把事情做得最好。

人来到这个世上，尽管人的能力有大小，但为了生存、养家和养老，总要工作。如果能够认真遵守做事的基本准则，小人物也能做大事情，老百姓也能成大器，而且大大地提高了你的事业的成功和实现你的理想的机会；只要在你的人生道路上认真做事了，尽力了，于心无愧了，我们就算没有枉然一生。

人生苦短，有许多事情要做，有许多大事、急事等着你去做，有许多科学技术难题等着你去解决，有许多未知领域等着你去开发……如果你在做事中能够做到：敢于承担责任、专心致志做好每一件事情、做事情不找借口、把简单的事情做到最好、做事情有韧性与耐性等做事的基本准则，你就能做更多事情、更大的事情；你就能成功，就会是一个有成就的人，有价值的、受人尊敬的人。

敢于承担责任

　　做任何事情，都必须有责任感。当你以高度负责的精神去做事，并敢于对事情的结果承担责任时，你才会很投入、很认真去做每一项工作，并做到最好。只有如此，你才会赢得领导和他人的尊重和信任，才有可能被赋予更多和更重要的使命，才会有更多更好的发展机会。

　　在市场化、国际化时代，在不拘泥于传统的创新时代，人们越来越欣赏敢于负责，敢于担当的人；唯有这样的人，才值得信赖和交往，在一个团队里同事才愿意和你合作共事。

　　著名哲学家和诗人马尔克思说："存在的道理就是负责任，即一种对自己对他人的责任，只有承担责任，才能得到别人的尊重和关心。"下面讲两个小故事，说明做事敢负责的重要性。

故事一

　　张某在一家电子商务网站上开了一家网店。一天有一位顾客在他的店里买东西送给朋友，他希望给产品加一个包装。本来本店不承担包装业务，但张某还是答应了，但不巧的是发单人员忘记了加包装，当顾客收到产品时非常不开心。张某得知没有加包装时，非常着急，为弥补失误，立刻给顾客打电话，安慰顾客，承认自己店的失误，并请顾客帮个忙，去礼品店包装一下，费用由他负责。顾客很高兴，因为礼品店包装会更好些。事后，该顾客在网上写了一封感谢信，称赞张某的网店讲诚信、负责任，希望大家今后去张某的网店购物。

虽然现在在网上购物是现代社会购物的新潮流，但让人相信一个虚拟的小网店，还是一件很不容易的事情，为此，必须提供热情周到的优质服务，不能因为最后可能会导致亏损就不去承担责任。事实证明，敢于承担责任不仅给张某的网店带来更多生意，而且也赢得顾客的尊重和信任。

故事二

一家公司要招聘一名部门经理，经几轮筛选，现在剩下三名。公司总经理决定由他在自己办公室进行面试。总经理笑着对三名应聘者说："麻烦你们帮个忙，把这个茶几移到那边的角落去，小心茶几上的花盆，那是贵宾送的呀！"正在此时秘书对总经理说，外面有人找他。总经理对三人说："你们干吧，我去一下就回来。"

三人认为这是表现的好机会。茶几很沉，须三人合力才能移动。当三人把茶几小心地移到总经理指定的位置时，不知怎的，那个茶几一只腿折断了，茶几一歪，上面的花盆便滑落下来，被摔碎了。突如其来的变故，使三人全惊呆了。在他们目瞪口呆不知所措时，总经理回来了，看到发生的事情，他非常愤怒，对他们吼道："你们知道你们干了什么事！这盆花你们赔得起吗？！"三人中第一个应聘者似乎不为总经理的强硬态度所吓倒，说："这不关我们的事，我们不是你们公司的员工，是你叫我们帮忙搬茶几的。"他对总经理不屑一顾。第二个应聘者却讨好地说："我看这事应该找茶几生产商，生产出质量这么差的茶几，花盆也应该找他们赔！"总经理把目光转向第三个应聘者。第三个应聘者态度诚恳地向总经理说："这的确是我们移动茶几不小心弄坏的，如果我们非常小心地移动茶几，腿儿不会折断，花盆也不会落地……"还没有等他说完，总经理怨气已消，面带微笑握住他的手说："一个敢为自己过失承担责任的人，肯定是一个值得信赖的人，我们需要你这样的员工。"

人无完人，金无足赤。凡人做事，哪有不犯错的？做事情愈多，犯错误也愈多。人犯错误并不可怕，重要的是我们犯错误后，是否敢于承认错误，敢于对错误的后果负责，敢于勇敢地纠正错误！

在人生道路上，要做许多事情，如果我们每时每刻都不缺乏人生最重要的品质——敢于承担责任，敢于对事情的结果负责，不管你过去工作中曾出现过多少错误，人们都会原谅你，都会敬重你。

专心致志做好每一件事情

俗话说：一心不能二用，一目不能两视，只有一心一意、专心致志，才能把事情做好。古时有一个棋手叫弈秋，他的棋下得很好，棋技很高。他很怕他的棋技失传，想招几个徒弟跟他学下棋，把棋技传下去。恰巧有两个年轻人慕名而来，同时拜弈秋为师。弈秋非常认真地给他们详细讲解棋艺，并分别跟这两个年轻人对弈，一步一步、手把手地教他们。两个年轻人中，一个年轻人听课认真，不时还记笔记，下棋也认真，每走一步棋都问老师为什么这样走；另外一个年轻人表现看似认真，实际上思想不集中，听课时，经常看窗外，老师教他下棋时，他心有旁骛，不注意看棋盘……

弈秋老师课讲完了，教他们下棋的练习也做了。老师让这两个年轻人对弈。开局后不久，就见分晓：一个年轻人从容不迫、能攻能守，另一个就手忙脚乱，没有章法。弈秋对棋艺差的年轻人说："你们两人一起听我的讲课，他能专心致志，而你心不在焉。"

这个小故事，讲了一个大道理：想做一件事情，心不在焉是做好事情的最大绊脚石。大多数人在天资上相差无几，凡是专心做事，就会成绩卓著；凡是心有旁骛，终究得不到满意的结果。我再讲一些"外行"变"内行"的故事，说明世上无难事，只要专心致志去做。

有一位郝女士，农学院林系毕业，曾在长白山工作。组织为照顾他们夫妻团聚把她调到一个机械设备制造厂工作，担任设备备件技术员，负责全厂机器设备的备件工作，她的任务是：向组织申报全厂机器设备在每年大中修所需的备件计划、参加地区各厂所需备件汇总、参加组织的备件订货会……组织要求备件技术员熟悉机床和其他设备的结构，尤其对磨损较快的齿轮、传动部件、轴承和密封件、易损件要比较清楚；同时对备件的库存量也要了如指掌，做到既不过多积压，又能保证设备大中修备件的需要。

由于她是"外行"，工作特别虚心、专心和认真。她常常深入车间，向设备维修工学习、向使用床子的工人学习、亲自从头到尾参加设备大中修的全过程，向实际学习，掌握第一手资料。

经过2-3年左右的努力工作、学习，专心致志地做好备件工作，她竟能熟练地背出齿轮、轴承、各种三角皮带、传动件、密封件、易损件等的名称、规格、型号，对大中修中所经常更换的备件一清二楚，关键件对答如流。经常被地区、组织指名参加备件汇总和一些专门备件会议。她经过了不懈努力，专心地工作，她很快就结束了实习期，由"外行"变"内行"，再由内行变为内行中的佼佼者……在那几十年不涨工资的年代，即使是偶尔涨工资名额也少到只有4%—5%，多少人找领导、人事部门，都说自己应该涨工资。可是经群众推荐、领导审核，郝女士竟榜上有名；在恢复技术职称评定后，她由于工作出色，备件技术工作过硬，第一批晋升为工程师，并多次评为技术标兵和先进工作者……

郝女士既平凡而又不平凡的事迹告诉我们，人只要专心、敬业，就能做成好多事情。人的思想、精神是了不起的。如果一个人专心致志地去做事，则说明他有明确目标，而且在孜孜不倦地追求目标，不达目的决不罢休。一个单位，一个团队，就需要一批这样的人。

又如，我们熟悉的歌唱家刘欢先生，他也是由外行变内行的典型。他本是外语学院法语系的学生，在他大学毕业那年，即1985年，他夺得北京首届高校英语、法语歌曲比赛双语冠军，从此开始了他的音乐生涯。

由于它不是学习音乐出身，所以广泛地被中国广大群众称为最具有实力的民间歌手，中国不可多得的实力派歌唱家。而他在音乐方面的成就、造诣已经达到真正的专业水平，以至于很多人并不知道他是非专业歌唱家。刘欢先生无论在唱歌方面还是音乐创作方面，都有很深厚的功底。他多次在北京、上海举行个人演唱会，或与其他歌手一起举行大型演唱会。他创作的作品有：2008北京奥运会歌曲《北京欢迎你》《我和你》，以及2014春晚他与法国歌手合唱的作品《玫瑰人生》等。

刘欢先生从1991年至今，一直在对外经济贸易大学教《西方音乐史》。现在是音乐博士生导师。在业界他被誉为中国最知名的"音乐教父"级巨星。事实上世界上有无数外行变内行，而且成为内行的佼佼者以及无数自学成才者，尤其像华罗庚这样自学成为科学巨匠、蜚声中外的数学家；而其他自学成才的科学家、学者与事业成功人士，也不在少数。这些都充分说明勤奋和不懈努力、专心致志做事，是一切事业的成功之母。

关于专心致志，荀子说："目不能两视而明，耳不能两听而聪！"黑格尔说："只有长期埋头沉浸于某工作，方可有成就！"马克·吐温说："人的思想是了不起的，只要专注于某一项事业，那就一定会做出使自己感到吃惊的成绩来！"针能刺物，是因为把力量集中在了针尖上；刀能切物，是因为把力量集中在了刀刃上；束光燃纸，是因为一直照在一点上；滴水穿石，也是因为一直滴在一点上。没有专心就没有成功。

做事情不找借口

责任感是人走向社会的关键，是一个人在社会上立足之本，做事之本。每个人在接受任务时，都要树立这种观念，对自己说："我要负起责任，不把问题留给别人。"

抛弃借口，不找客观理由是做事的一项最基本的原则，也是把事情做到最好、善始善终的最重要的前提。事实上，在现实生活中，在职场上，许多人在做事前提条件，在做事过程中出现错误时就千方百计找借口，来推卸、逃避责任。设身处地想想，谁会喜欢雇一个爱找借口不负责的人呢？相反，雇主或一个团队都青睐和欣赏那种做事不找借口、踏实肯干、敢于承担责任，不让雇主或领导操心的人。这里讲两个做事不找借口的典型故事：

故事一

"把信带给加西亚"的人——罗文

附录：把信带给加西亚

在一切有关古巴的事物中，有一个人最让我忘不了。

当美西战争爆发后，美国必须立即和西班牙反抗军的首领加西亚将军取得联系。加西亚将军隐藏在古巴的深山丛林中——没人知道他的确切地点，因此根本就没有办法写信或打电话给他。美国总统麦金利先生此时急需得到他的合作。

这将如何是好呢？

有人对麦金利总统说："有一个叫罗文的人，他会有办法找到加西亚，也只有他才找得到。"

于是，他们把罗文找到，交给他一封写给加西亚将军的信。至于那个叫罗文的人是如何拿了麦金利总统的信，把信装入一个油布袋中，将它别在胸前，划着一只小船，于4天后的一个夜晚在古巴弃水登岸，消逝在丛林中；接着，在3个星期之后，罗文从古巴另一端出来，徒步走过这个危机四伏的国家，把那封信交给了加西亚将军——所有这些细节都不是我想说明的，我要强调的重点是，麦金利总统把一封写给加西亚将军的信交给了罗文，而罗文接过信后，并没有问"他在什么地方？"

这篇短文的作者是阿尔伯特·哈伯德，最早发表在1899年的philitine杂志上。后来几乎被译成所有的语言，在世界各国广为传播。在日本几乎每人、在俄罗斯几乎每一位士兵都拥有这篇短文。

美国著名的心理学家、人际关系学家、20世纪最伟大的人生导师戴尔·卡耐基说："像罗文这种人，我们应该为他建造永不腐朽的雕像，将它放在每一所大学里。年轻人所需要的，不仅仅是书本上的知识，也不仅仅是聆听他人的种种教导，而是要培养一种敬业精神，对于上司的托付，能马上采取行动，全心全意地去完成任务——像罗文那样，把信带给加西亚。"

当今社会上，像罗文这种人，不提条件、不找借口，拿到任务就千方百计去完成的人，是有的，但不是很多。在这里我们奉劝那些没有责任感的员工，立即改掉那种被动、消极、非常吝啬自己的力气的毛病，因为"你混过初一，不一定能混过十五"。老板为了自己的利益，为了企业的发展，他只会保留那些最有价值的员工——那些能够"把信带给加西亚"的人。

我们应该钦佩的是那些不论老板是否在办公室，都能够勤奋努力工作的人；我们同时也钦佩那些能够把信带给"加西亚"的人——他们静静地把信拿走，不提任何愚蠢的问题，也不会存心随手把信丢进水沟，而是不顾一切地把信送到。因此，这种人永远都不会被解雇，这种人不论在什么地方，都会受到人们的欢迎。

世界上的所有地方，所有部门都急需这种员工——能够把信送给"加西亚"的人。

故事二

一天下午，东京奥达克余百货公司售货员彬彬有礼地接待了一位买唱机的顾客。售货员为她挑选了一台"索尼"牌唱机。事后清理商品时却发现，错将一个空心唱机的货样卖给了那位美国顾客，于是立即向公司警卫做了报告。警卫四处找那位女顾客，但不见踪影。经理接到报告后，觉得事关顾客利益和公司信誉，非同小可，立即召集有关人员商量，研究寻找办法。后来经过调查得知那位顾客叫基泰丝，是一位美国记者，她留下了一张"美国快递公司"的名片。按此仅有的线索，奥达克余公司公关部开始近乎大海捞针的寻找，向东京各大宾馆查询，无果。向纽约的"美国快递公司"总部查询，深夜得到基泰丝父母的电话。从她父母那里得知，基泰丝在东京的住址和电话。几个人忙乎了整整一夜，总共打了35个电话。

第二天一早，奥达克余公司就给基泰丝打电话道歉。几十分钟后，公司经理和带着东西的公关人员，驱车赶到基泰丝的住所。两人走进客厅见到基泰丝就深深鞠躬，并再次表达歉意。除送来一台新的合格的"索尼"唱机外，又加送唱片一张、蛋糕一盒和毛巾一套。接着经理就打开记事簿，向她讲述及时纠正这一失误的过程。

奥达克余公司的行动使基泰丝很受感动。她告诉公关人员，她买这台唱机是准备作为礼物送给在东京的外婆的。回到住所试用时发现唱机没有装机芯，根本不能使用。当时很生气，觉得自己上当受骗了，立即写了一篇《笑脸背后的真面目》的批评稿，并准备第二天一上班去奥达克余公司兴师问罪。没想到奥达克余公司纠错如救火，为了一台唱机，花费了那么多精力。这种做法，让她敬仰，她又重新写了一篇题目为《35次紧急电话》的特写稿。特写稿见报后，反应强烈，奥达克余公司因一心为顾客着想而声名鹊起、门庭若市、生意兴隆。

这两个故事中的"加西亚"和"基泰丝"——要找寻他们，都是大海捞针，可是罗文和奥达克余公司竟然在大海里捞到了"针"。如果他们找借口，强调困难而不去做，每一个理由可能都"冠冕堂皇""言之凿凿"。殊不知，你在找借口，说这不可能那不可能时，你是在千方百计、挖空心思地推诿责任，逃避责任感、掩饰一个人责任感的匮乏。一个人只有不找借口、不讲条件，勇敢接受任务，勇于纠正错误，勇于承担责任，才是一个真正做事的人、伟大的人。只有这样的人，事业才能获得成功。

把简单的事情做到最好

在中国的企业界，被誉为"细节管理专家"的王中求，他在《细节决定成败》一书中，把海尔集团总裁张瑞敏的名言"什么是不简单？把每一件简单的事情做好就是不简单；什么是不平凡？把每一件平凡的事情做好就是不平凡。"郑重地印在书皮的最上方。

我们每个人都是从最简单的事情做起，把简单的事情做到最好，才有能力做较大较复杂的事情；不管哪个行业，我们的领导人或组织者都是由小到大、一步一阶往上升，也是这个道理。把每一件简单的事情都做得很好，你就为做大事积累了经验，打牢了做大事的基础。

把简单的事情做到最好并非易事，下面讲三个相关小故事：

故事一

众所周知，荷兰的国花是郁金香，凡乎所有的荷兰人都是郁金香迷，甚至爱郁金香到痴狂和迷醉。18世纪时的荷兰国王，也不例外。在他的花圃里种植着各式各样的郁金香，可以说世界各地最精美的郁金香，在他的圃内都能找到。他经常邀达官贵人欣赏花圃里的郁金香，引以为豪。可是有一次客人对国王说："尊敬的国王陛下，您的花圃的确很让人陶醉，可是如果能有纯黑色的郁金香花，那才算完美。不然，就算不得天下第一。"事后，国王非常着急。于是向全国人民下了一道诏书，说谁能培育出纯黑色的郁金香赏万金并封爵士。一时间，应征者趋之若鹜，为了找到黑色郁金香，多少人绞尽脑汁，想尽了办法也未能如愿。时间一天天、一年年过去，国王对找到培育黑色郁金香也不再抱任何希望了；荷兰老百姓也淡忘了这件事。

然而，就在大家都淡忘了黑郁金香的时候，一位老者没有忘，他天天耕耘，年年培育，在二十多年后的一天，他终于培育出了纯黑的郁金香，全欧洲一下子都轰动了。当已年迈的国王从老人手里接过那黑如墨团的郁金香时，禁不住问道："无数人都办不到的事你是如何办到的？"老人答道："我只不过运用了一个非常简单的法子，那就是每年挑选颜色比较深的花留做种子，我年年不停地播种、收获，选择了二十多年而已。"听了这话很多人感到惭愧，原来这看似不可能办到的事情，竟这么简单。

故事二

平凡的选择，无悔的人生。付雷德虽然是一个普通邮差，但他的事迹却闻名世界。

付雷德负责为小区住户收、送邮件。他听说小区内有一位职业演说家，叫桑布恩先生。这位桑先生一年有160到200天在外出差，于是他向桑先生索要一份全年行程表。

桑先生觉得很奇怪，问："您有什么用？"

付雷德回答说："以便您不在家时，我暂时代为保管您的信件，等您回来再送过来。"

这让桑布恩很吃惊，因为他从未碰到过这样的邮差。

桑先生回答道："没有必要这么麻烦，把信放进信箱就好了，我回来再取也是一样的。"

付雷德解释说："窃贼经常会窥探住户的邮箱，如果发现是满的，就表明主人不在家，那住户可能要深受其害了。"

付雷德想了想又接着说："这样吧，只要邮箱的盖子还能盖上，我就把信件放到里面。塞不进的邮件，则搁在房门和屏栅门之间。如果那儿也放满了，我把其他的信留着等您回来。"付雷德的建议无可挑剔，桑先生欣然同意了。

两周后，桑布恩出差回来，发现门口的擦鞋垫跑到门廊的角落里，下面还遮着个什么东西。原来事情是这样的：在桑先生出差期间，美国联合递送公司把他的包裹投到别家了。付雷德就把它捡起来送回桑先生的住处藏好，还在上面留了张纸条，说明其情况，并费心地用擦鞋垫遮住，以避人耳目。

不同的邮政公司之间竞争激烈，比的就是服务，而因为有一批付雷德式的优秀员工，他们提供了人性化服务，创造了无形的价值，使美国联合递送公司在众多竞争对手中，傲然挺立，兴旺发达。

故事三

时传祥是北京一名环卫工人，他不怕脏、不怕累、不怕苦，几十年如一日，从无怨言。在他的带领下，北京环卫工人把北京大街小巷的垃圾，弄得干干净净，他们被赞为城市的美容师。时传祥被评为著名劳动模范，受到当时国家领导人的亲切接见。

这三个故事告诉我们，即使是最简单的事情做到最好就不简单，并非易事，也会创造出奇迹。其实，人们所谓的成功、奇迹，也就是一件件简单事情的积累，不屈不挠，把简单的一件件小事做到极致。一架飞机是一个庞然大物，其实它是由无数个大大小小的零件、部件、系统组成的一个有机整体。一架飞机的性能、质量好不好，是否安全可靠，完全依赖于每一个零部件、每一道工序是否做到最好，做到极致。世界上再大的事情，再复杂的事情，都是由最简单的事情组成的，只有做好每一件最简单的事情，大厦才能牢固，才能傲然屹立。

现在在各行各业，在职场，需要一批批默默无闻、埋头苦干、20多年培育出纯黑郁金香的老人、职业化典范的付雷德和时传祥等。

做事一定要有韧性和耐性

古人云："一日一线，千日千线；绳锯木断，水滴石穿。""锲而不舍，金石可镂；锲而舍之，朽木不折。"这两句名言的寓意深长，告诫人们在做事时，要坚持不懈，而坚持需要的正是一种韧性和耐性。

一个人做事情要想有结果，干一番事业要想取得成功，就需要有韧性和耐性，具备了这种素质，在你面临任何困难和棘手的问题时，就不会半途而废。下面有一个挖井的小故事，听听它告诉我们什么？

老师让徒弟去挖井，并对他说："因为天天挑水太远了，挖一口井，就是你这两个月的任务。"徒弟听了后满怀激情地说："老师放心吧，我一定能够完成任务。"于是他找了块地，就挖了起来。但是他挖了几个星期也没有控出水来，于是他对老师说："这片地方都没有水，我想到其他地方去挖。"老师说："让我去看看。"老师到徒弟挖井的地方看了一下，看见满地都是没有挖出水的井。老师指着其中一口井说："就在这儿挖，我说停你再停。"于是徒弟就按照老师的吩咐一直挖。

数天之后，徒弟终于挖出一口出水的井。徒弟觉得很奇怪，就问老师："为什么你知道这儿有水呢？"老师说："不是我知道，而是你没有在一处挖，所以不能出水呀，你想做好事情的这种责任心是有的，但是如果你不能坚持下去，没韧性和耐性，你做什么事情都会事倍功半啊。"某一年高考作文题就是"有一个人拿着锹，旁边有几个没有挖出水的坑"，让考生写一篇作文，为的是让学生认识到坚持、韧性、耐性三者对做事的重要性。

这个故事告诉人们，做任何事情，光有责任意识是不够的，还必须将这份责任意识落实到实处，坚持下去，这样才能体现出你的价值。也许你已经尽力了，坚持了，事情还是没有达到完美，这也没关系，因为一旦你具有了这种韧性和耐性，那么你离成功也就不远了。

纵观成功人士，发现他们都有一个共同点——强烈的责任意识，不但如此，他们更加懂得，要完成自己肩负的责任，就要靠自己的韧性和耐性，战胜一切困难。事实上，最后的胜利，往往就在坚持下去的努力之后。下面是阿赫瓦里的故事，对我们所有人都很有启迪。

1968年10月20日，墨西哥奥运会进行着马拉松比赛。发令枪响近四个小时后，跑道上还有一位选手在艰难地跑着，他就是最后跑完比赛的坦桑尼亚选手阿赫瓦里。当时其他选手都已结束了比赛，他才一瘸一拐地跑到了终点。原来，阿赫瓦里在比赛中不幸跌倒，腿上流血不止，还扭伤了肌肉。此时他双腿绑着绷带，沾满鲜血。看到这个情形，数万人的会场顿时变得安静起来，接着全场观众起来，对阿赫瓦里报以雷鸣般的掌声。后来记者采访时，这样问他："受伤后，明知自己拿不到名次，为什么不索性退出比赛？"阿赫瓦里答道："我的祖国从一万多公里远送我来这里。不是派我来听发令枪响的，他们是要我冲过终点的。"

也许阿赫瓦里在马拉松赛场上不是最强的，但他强烈的责任意识却让人动容，而这种为了完成任务的毅力和韧性，更是让人钦佩。阿赫瓦里之所以能有如此强大的意志力支撑他在重伤之后继续坚持比赛，归根结底是因为他意识到自己不只是为个人比赛，更是带着祖国的荣誉来参加比赛，以顽强的韧性和耐性坚持到底，这就是一种责任。

其实做任何事情都是一样，当你面对极大压力和艰巨任务时，唯有勇敢地承担起来，并将压力转化为动力，努力去拼搏，靠坚持的意志力和坚韧的精神，战胜一切困难，你就能取得最后的胜利。

做事一定要有韧性和耐性，还有一层含义是，在遇到困难时，不能随意放弃，不要半途而废。下面乐羊子的故事，则告诉人们，做事贵在坚持，只要坚持到底，必成正果。

古时候，有一个人叫乐羊子，他告别妻子来异地求学，但学习的艰辛，求学的清苦，使他感到很乏味。他在书塾待了一年后决定弃学返乡。当乐羊子回到家时，妻子脸上露出惊喜而略带诧异的表情，当她看到乐羊子那沉甸甸的行装时，脸上的笑容消失了，她似乎早已猜到了结果。

妻子默默无语地走进房间，拿出一把剪刀，只见她走近织布机旁"咔嚓"一声，便将织布机上织着的一匹布剪断。乐羊子大叫起来，说："这么一匹图案精美的花布，只差一点儿就要完工了，你把它剪断了岂不是很可惜！"

妻子回答道："这本是一块儿快完工的布，但我剪断它，它便成了一块废布。求学的道理也一样，若能坚持到底，付出艰苦的努力，就能成为一个有用的人，但若不能坚持，只管停下来放弃攻读，就会前功尽弃，如同这块布，成为一个毫无用处的人。"

听了妻子的话，乐羊子低头不语，他觉得非常羞愧，若不是妻子谆谆教诲，自己岂不是会虚度年华，成为无用之人，想到此，乐羊子便就扛起行装，决心回到书塾去完成学业。

乐羊子的妻子通过一件简单的事情告诉她的丈夫做事的最大的禁忌——做事切忌半途而废。事实上，任何一个真正想成大事的人，都明白这个道理。

当然，做事要做到最好，事半功倍，除上述做事原则之外，还有一些做事的技巧，例如方法制胜；做事要善于借力；

有团队精神，形成合力；说干就干，不拖延、不拖沓；善于总结，取别人之长补己之短……总之想做一番事业、成为企业家、科学家或有成就的人，你就必须具备综合素质和能力，你就必须是一个工作能力很强、很全面的人。

人在屋檐下，要懂得屈伸

韩信能忍胯下之辱正是有时"必须低头"的最好体现：如果他不低头，就与无赖毫无区别；如果他奋起还击，就有可能闹出人命，吃官司不说，还会搭上自己的性命。

韩世忠和岳飞、张竣都是宋高宗时的抗金名将。秦桧因岳飞反对他与金议和，又屡次攻击他，心中怨恨，便罗织罪名把岳飞逮捕入狱，将其害死于风波亭。

岳飞死后，韩世忠知道秦桧难容自己，便呈请解除自己枢密使的职务，秦桧顺水推舟地授给他一个闲散的官职。

韩世忠赋闲之后，口不言兵，整日流连湖光山色，许多人都不知道他便是名震天下的韩元帅。

韩世忠的部将旧属路过杭州时都来拜访他，但他却一概不见。平时，他从不和军中大将通报消息，以免秦桧抓住自己的把柄。

秦桧害死岳飞后，对韩世忠也恨之入骨，欲除之而后快。然而，他没想到害死岳飞竟让民愤如此之大，便有些犹豫，又见韩世忠口不言兵，也和军队断绝了往来，不再出言阻挠自己与大金议和，就不再理会他。

其实，以韩世忠的忠义和抗金之功，秦桧万万不会放过他。若和秦桧争斗，那他只会落得与岳飞同样的下场。不如低下头来，避开深为昏君所信赖的奸臣秦桧，才能得以自保。

明日翻身需要今日的忍耐

事物的运转千变万化，机会往往存在于忍耐之中。对于垂钓者来说，最好的进攻方式就是忍耐。能忍耐才能有大收获，所谓"天将降大任于斯人也，必先苦其心志，劳其筋骨，饿其体肤……"就是这个道理。大丈夫应该志在四方，岂可计较鸡毛蒜皮的小事！春秋末期的最后一个霸主越王勾践卧薪尝胆的故事，也说明了这个道理。忍耐不是停止、逃避、无为，而是守弱、蓄积、迂回前进。当命运无法掌控时，就要顺从命运的安排，坚强地忍耐弱者的地位，在守弱的基础上累积实力，发奋图强，再适时出击，以争取属于自己的成功。

懂得忍耐有利于成就事业，意气用事只会坏事。面对别人的侮辱和伤害，我们没必要急急忙忙地进行反击以证明自己并非软弱可欺，因为路遥知马力，日久见真功。有效的忍耐，能使我们慢慢地走向成功。

王林辞去了原来的工作来到深圳打工，在一家私人企业只做了几天文员，就被解雇了。过了一段时间，工作仍没有着落，他已经到了山穷水尽的地步。

一天，他身无分文，正漫无目的地闲逛，忽然想到这里还有一个老乡在某个报社做编辑。于是，他强打精神去找那个老乡借钱，几经周折终于找到了老乡。那人一见他的狼狈样，就知道是来借钱的，于是故意装作没有看见他。在王林小心地打了招呼后，那人才勉强应声。王林更加小心地说明来意，那人不耐烦地掏出十元钱扔在桌子上，说自己今天身上没有多带钱并且马上要出差。王林讨了个没趣，心里气急了，真想把那十元钱抓起来砸在对方的脸上。但他强忍住了，拿起那十元钱，默默地转身离开。

王林先用两元钱买了两斤馒头，然后，用一元钱买了一支圆珠笔，又买了一沓稿纸。接着，就待在自己租的房子里，花了一整天的时间写了四篇反映自己打工经历的稿子，次日早上便将这些稿件送到了一家专门发表打工者故事的杂志社。编辑看后很满意，决定四篇都采用，并先付给王林一半稿费。拿着这些稿费，王林又撑过了一段时间，并在此期间找到了一个工作。深谙处世哲学的中国人，古来善于忍耐的例子不胜枚举。

公元1224年，宋宁宗病死，由于他没有子嗣，权相史弥远千方百计地在绍兴民间找了一个叫赵与莒的17岁少年，系宋太祖的第十世孙。史弥远把他带到临安后，给他改名为赵贵诚，拥立为太子，后来又不顾杨太后的反对，强行把他立为皇帝，并改名为赵昀，这就是宋理宗。理宗青年嗣位，尚未成婚，直到服丧后才议选中宫。一班大臣贵戚听说皇上选中宫，纷纷送爱女入宫。左相谢深甫有个孙女，待人谦和，贤淑宽厚。杨太后当年做皇后时，谢深甫帮过不少忙，因此，她想立谢氏为皇后。但除了谢氏外，还有6个美女。宁宗时的制置使贾涉的女儿长得颇有姿色，而且善解人意。理宗对她十分满意，想让她做皇后。

可是，杨太后却说："立后以德为主，封妃可以色为主。贾女姿容艳丽，体态轻盈，尚欠庄重，不像谢氏，丰容端庄，理应位居中宫。"理宗听后马上表示赞同，非常高兴地顺从了杨太后的意愿，册立谢氏为皇后，另封贾女为贵妃。其实，理宗心里很不乐意，但是，为什么又答应了杨太后的要求呢？原来，理宗心想："自己即帝位本来就有很多人不满，此时如果不顺从太后的意愿，与她抗争，那太后肯定不痛快，说不定会废除我的皇位，另立天子。大丈夫能屈能伸，为什么我不能忍耐一下，答应她的要求呢？等她不在了，那时谁还能管得了我呢？"

隐忍时不要怕等待，要相信总会时来运转。要反复告诫自己，到时候自己的付出会连本带利地捞回来。

宋理宗就是这样做的，大礼完毕后，理宗对谢后一直客客气气的，全按礼数办，并能像例行公事似的时不时地在谢后那儿逗留一晚，使杨太后对他很满意。过了两年，杨太后驾崩，理宗大权在握，便再也不与谢后周旋，天天与贾妃泡在一起，无所顾忌。

总之，忍不是目的，而是手段。忍是对当下形势的一种认可（如韩信），而当具备了相当的实力后，就可以一显身手，扭转乾坤。所以，只有用今日之忍换来明日翻身，才有资格登上潜智慧榜。

与其生气，不如争气

南北朝时的高洋就是一个懂得适时弯曲的人。高洋尚未称帝时，由其兄高澄掌权。高洋的妻子十分美艳，高澄暗加艳美，心里愤愤不平。高洋为了不被高澄猜忌，便做出一副淳朴木讷的样子，还时常拖着鼻涕嘿嘿地傻笑。高澄因此将他视为痴物，根本不把他放在心上。

高澄时常调戏高洋的妻子，高洋佯装不知。高澄死后，高洋为丞相，都督中外诸军，录尚书事，袭封齐王。大臣们向来看不起高洋，但这时的高洋能文能武，谈笑风生，英采飙发，与昔日判若两人，大家从此对他刮目相看。高洋篡位后，初政清明，简静宽和，任人以才，驭下以法，内外肃然。

当时西魏大丞相宇文泰听到高洋篡位后，借兴义师的名义进攻北齐。高洋亲自带兵迎战，宇文泰见北齐军容严盛，不禁叹息道："高欢有子如此，虽死无憾！"于是，引军西还。

当今社会，已不存在这种不忍让就可能丢性命的屈伸之道，但适时弯曲仍是必需之策。弯曲时更容易看清彼此更多的东西，往往能化敌为友。

拉升·彼德在海军服役两年后，回到了美国的首都华盛顿。之前他服务的那家广播公司正等待他继续做播音工作，但是，上司已经换了。由于某种原因，这位新上司好像不大情愿接受他。

他暗自努力要好好回敬上司一下，于是，他冷静、谨慎地工作着。他一直与老搭档主持某个喜剧节目，可新上司重新调整了他的节目时间，而且新安排的时间差得不能再差了——将近午夜。

他怒火中烧，想大闹一场，但是，为了饭碗他还是忍了下来。

搭档和他默认了这个安排，就兢兢业业地工作。三年后，他们的节目终于成为华盛顿首屈一指的节目。

一天，他应新上司之邀参加电台的聚会。晚会上，他遇到了上司的未婚妻，她是个聪颖、活泼、务实的姑娘。像她这样的姑娘怎能喜欢上司这样的人呢？通过上司的未婚妻，他对上司的看法渐渐改变。

随着时间的流逝，他的态度完全转变了，上司的态度也变了，最后他们竟成了朋友。他仍在全国广播公司工作，并主持一档全国闻名的电视节目。

善忍之人能做人之所不能做之事

司马迁在《报任安书》中，透露出他忍气吞声以作《史记》的心声。司马迁曾因上书为李陵说话而获罪被关入大牢。他在信中谈到，自己在牢狱里受尽凌辱，还惨遭腐刑（宫刑），这是令人极为羞耻屈辱的事。出狱后虽仍任中书令，但人们都轻视他。他说了自己当时的境地：家中贫困，没有钱救赎自己，朋友也不敢帮他，连左右亲近的人都不为他说句话。人不是没有知觉、没有感情之物，现在却只能面对狱吏，被囚禁在偏远孤寂的牢狱之中……他用"肠一日而九回"形容自己当时的痛苦心情。

似乎天下之大，却无他容身之处。但司马迁并没有因此而放弃生的意志，心中仍抱着当初立下的信念。他说，"文王被拘而演《周易》；孔子困厄而作《春秋》；屈原被放逐而作《离骚》；左丘失明而作《国语》；孙子脚残而作《兵法》；吕不韦迁蜀而作《吕览》；韩非子被囚而作《说难》《孤愤》"。他以历史上这些忍辱负重的先贤作为自己的榜样。

他认为《史记》还没完成，自己的凤愿还未能实现，不能轻易死去。因此，他能够"就极刑而无愠色"，忍辱苟活。

最终，司马迁因完成"究天人之际，通古今之变，成一家之言"的伟大著作——《史记》而流芳千古，为后人景仰，后人尊其为"太史公"。

要学会刚直不阿和委曲求全

东晋温峤是西晋名臣温羡之后，因与陶侃联兵平定王敦之乱，故而以重安社稷之名为人称颂。

西晋灭亡后，琅琊王司马睿在建康（今江苏南京）建立东晋，于是温峤南下赴东晋朝廷做官。东晋明帝司马绍即位后，他被拜为侍中。这时，朝廷内部的权力争斗已经发展到白热化的地步，拥有重兵、占据长江上游的王敦十分跋扈，意图取代司马绍以自立。

但是，晋明帝司马绍绝非昏君，而是一个比他父亲晋元帝司马睿更有决断和胆略的铁腕君主。他继位之后，是无论如何也不可能坐视王敦的谋反的。于是，他决心取消乃至最后铲除琅琊王氏在朝中的势力。温峤就是在这样的大背景之下，步履维艰地走上了东晋的政治舞台。

司马绍在拜温峤为侍中后，即让他参与军政大事，草拟重要文书，并很快将他由侍中擢升为中书令，对他寄予厚望。温峤在东晋中央的权势炙手可热，这使得王敦很惊恐。于是，他请求皇帝将温峤派到他手下做官。

温峤无奈，只得到武昌赴任。到武昌之初，温峤就劝说王敦要忠心辅国，做一个传名后世的气节之臣，王敦却无意于此。至此，温峤已断定王敦必反，遂决定改变自己在王敦身边的行事策略，以求自保。

此后，温峤一反常态，装出一副敬重王敦、愿意肝胆相照的模样。同时，他还不时地密呈策划以求得王敦的信赖。这样一来，温峤很巧妙地消除了刚到武昌时给王敦留下的印象。

除此之外，温峤还有意识地结交王敦的心腹钱凤，并经常对钱凤说："你才华过人，经纶满腹，当世无双。"

温峤在当时以识人著称，钱凤听了这番赞扬的话心里十分受用，和温峤的交情日渐加深，时常在王敦面前说温峤的好话。透过这一层关系，王敦便不再怀疑温峤，甚至视其为心腹。

不久，丹阳尹辞官出缺，温峤便对王敦进言："丹阳之地乃京畿重地，必须由才识相当的人担任才行，不可轻疏，请你三思而行。"

王敦深以为然，就问他谁合适。温峤诚恳地答道："我认为没有人比钱凤先生更合适了。"

温峤假意推荐钱凤，一来为了避嫌，二来也是以退为进的招数，因为他料定钱凤会推荐自己。钱凤果然中计，认为温峤可任。王敦就向朝廷上表，补温峤出任丹阳尹。丹阳尹这一"球"，由温峤发出，在三人之间如此踢了一圈，又回到了温峤手中，而温峤目的正在于此。但收"球"之后，温峤心里并不踏实。他认为老谋深算的钱凤随时都会变卦，让王敦阻止自己去丹阳赴任。因此，温峤必须进一步防止钱凤变卦。

王敦又问钱凤，因为温峤推荐了钱凤，碍于面子，钱凤便说："我看还是派温峤去最适宜。"

王敦便推荐温峤任丹阳尹，并派他注意朝廷中的动静，随时报告。

王敦为温峤饯行时，温峤假装喝醉了酒，歪歪倒倒地向在座的同僚敬酒。敬到钱凤时，钱凤未及起身，温峤便以笏（朝板）击钱凤束发的巾坠，生气地说："你太不是东西了，我好意敬酒你却不敢饮。"

王敦以为温峤真的喝醉了，连忙劝解。温峤去时，突然向王敦叩别，眼泪汪汪。出了王敦府门又回去三次，好像十分不想离去的样子，王敦非常感动。温峤辞别王敦向建康走去，车行不远，温峤的这一举动让钱凤觉得不对劲，他赶忙晋见王敦说："温峤为皇上所宠，与朝廷关系密切，何况又与帝舅庾亮交情甚笃，此人绝不可信！"

不出温峤所料，王敦以为钱凤是因宴会上受了温峤的羞辱而恶意中伤，便生气地斥责道："温峤那是喝醉了，对你是有点过分，但不至于因此而报复吧！"

钱凤无言以对。

温峤终于摆脱了王敦的控制，回到建康。他向明帝报告了王敦意图谋反的情况，又和大臣庾亮共同计划征讨王敦。听到这个消息后，王敦勃然大怒："我居然被这小子骗了。"但是，他却无可奈何，因为现在后悔已经来不及了。

做人固然需要刚强，但如果不讲计谋，只知猛攻猛打，就有可能碰钉子，甚至遭遇不测。

要学会保全实力，以图后进

米洛斯岛位于地中海的心脏地区，地理位置十分重要，斯巴达最初就统治了米洛斯。雅典强盛之后，渐渐成为地中海的主宰，雅典想利用米洛斯重要的地理位置来扩张实力，因此决定与米洛斯结盟，共同对付斯巴达。但是，米洛斯人不同意结盟。雅典一怒之下，决定攻打米洛斯。进攻之前，雅典派使节前去劝服米洛斯人投降。但米洛斯不肯投降，他们出于对斯巴达的友情，坚信斯巴达会出手相助。雅典使节警告他们："保守又现实的斯巴达民族是绝对不会帮助米洛斯的，不如放弃抵抗。"

雅典人还说："弃暗投明是明智者最好的选择，我们已经许诺了合理的条件，屈服于希腊这样伟大的城邦应该是一种荣耀，而不是耻辱。"但是，米洛斯仍不同意。

之后，在雅典军队入侵米洛斯的斗争中，斯巴达果然坐视不管。在雅典的猛烈攻击下，米洛斯人只得投降。为了惩罚米洛斯人，雅典人将米洛斯族的所有男子处死，女人和小孩则卖为奴隶。

弱小的势力如果能够正确地把握自己，就可以由弱变强。其实，结盟对米洛斯人大有好处，但是，他们打错了算盘。和雅典结盟百利无害，拒绝却被入侵，米洛斯人选择了一条天真而愚蠢的路。

面对别人的欺压，人们往往选择反抗。但有些时候，反抗只会带来损失。如果采用忍辱负重的态度对待欺压，弯下腰去，故意矮人一头，就会发现对方将因为你的退让而措手不及，因为他们将面对你出其不意的反击。这个时候，你就可以控制局面了。

第九章
机遇的创造和把握

学会融入社会，展示自我

　　身处现代社会，要利用各种场合与机缘见面。注意有意识地扩大社交圈，根据个人职业、兴趣爱好等具体情况，参加各种业务培训班、EMBA班与同学会、老乡会、运动俱乐部、旅游俱乐部等，在学习、交谈和活动中广结人缘，给自己多争取机缘。如，现在清华、北大等高校里，有一批来自企业、单位的董事长、总经理群体，他们支付昂贵的学费，挤出宝贵的时间去高等学府进修。除了想学知识外，在很大程度上他们也是为了寻求新的朋友，获得有助于事业发展的有用信息，从而寻找到发展中的机缘。

　　寻得"情缘"也是如此，若某人的交际面很广，又有很多朋友关心着，那么，终有一天他们能与"情缘"相逢。或者，也可以经"红娘"们的牵线扩大"缘"的扫描面，这样获得"情缘"的概率亦会增加。

要有勇气参与竞争。可以寻找机会积极参与各类人才选拔、智能比拼、行业技能的竞赛，譬如，学科奥林匹克竞赛、国际大专辩论会以及各种题材的演讲比赛和各类综艺竞赛等，它们为有不同才能及特长的人，提供了表现自我的机会，让你有机会全面展现自我吸引眼球，获得"贵人"的青睐，得到机遇的拥抱。

2005年，发生在中国社会生活中的一件牵动数百万人的心的文艺竞赛——由湖南电视台主办的全国"超女"选拔赛，令全国上下的热爱唱歌的年轻女孩为之兴奋，有机会借助电视媒体充分地展示自我使她们个个跃跃欲试。尽管竞赛本身确实存在问题，但一批名不见经传的学生，如李宇春、张靓颖、何洁、纪敏佳等，正是依靠积极的才能展现而脱颖而出，一夜之间家喻户晓，其人生命运的转折力度相当大。而借全国青年歌手大奖赛、中央电视台春节联欢晚会等机缘崭露头角的歌手谭晶、许丽丽、王宏伟、屠洪刚等，也因此有了更多机会展现自己。

必要时我们可采取毛遂自荐的方法，催生机缘。人们常说，是金子总会发光，这话虽然没错，但是在短暂的人生中，被沙堆埋得太久的"金子"，恐怕早就青春已逝、年华不再了。"金子"的价值就在于发光，人们要善于根据个人的目标与选择，有意识地寻求可能给自己带来机缘的人和事，大胆、执着、创新地进行自我推荐，主动出击，使机缘出现得更频繁。

我国著名美声歌唱家、奥地利皇家歌剧院首席歌唱演员黑海涛，原是来自陕北、在中央音乐学院深造的学生。尽管他非常勤奋，但要想跨入世界级歌唱大师的门槛并非易事。这时潜在的机遇来了，世界歌王帕瓦罗蒂到北京访问时，也去了北京音乐学院参观学习，很多有背景的学生都借机向帕瓦罗蒂展示自己，但黑海涛没有任何背景，没法"安排"自己与大师见面。黑海涛决心创造条件自我展示，于是，他在展示教室的窗外引吭高歌，唱起世界名曲《今夜无人入睡》，高音质的歌声飞进帕瓦罗蒂的耳朵，他立即反应道："这个人的声音和我很像，他叫什么名字？我要见他！并收他做我的学生！"黑海涛的自荐为他赢得了难得的机会。从此，师从世界歌王的黑海涛获得了多种新的机遇，他在1998年意大利世界声乐大赛中，获第二名，后被世界音乐之都维也纳的奥地利皇家歌剧院邀请，成为剧院的顶梁柱，因而享誉全球。

黑海涛的命运奇迹，源于"千里马"的自我奋斗，一旦伯乐出现便能扬蹄飞奔，势不可挡。

要学会因势利导

人们创造机缘的过程中，不但要充分利用各种条件，而且要采取一种善于因势而变的策略，将不利转为有利。具体表现在：从面临的困难中逼出机缘；从逆境中发掘机缘；从反向思考中悟出机缘；在两相矛盾的情况中找出机缘。

中国科学院院士、中国科技大学校长朱清时，毕业那年正好是1968年，他家庭出身不够好，毕业后被分到青海当工人，可谓"学不逢时"，初始命运即不佳。但因青海离斗争中心远，"文革"中的不良行为及带来的冲击相对比较小，所以，科研工作并未全部被取消。由于中科院所承担的青海盐湖激光分离同位素项目需找人才承担，朱清时这时"冒"了出来，以其优异的科研素质进入了科研项目组，并很快负责起了整个项目，从此他在困难与逆境中开启了新的人生道路。多年来，他做出的科研贡献以及打下的扎实的英语功底，使他成为1978年全国公派出国的第一批留学生，以后他则节节取胜，荣登中国著名科学家榜单。

朱清时毕业30多年后，有一次参加同学聚会回忆过往时，深感岁月蹉跎，命运难测：当时条件好的同学分配至大企业、大单位，令人美慕，但是在那里有才华的年轻人很难承担大的科研项目，有些人则提前退休，让子女顶替工作，把事情搁置到一边。而当时时运不济、远赴青海的他，却在困境中逼出了机缘，与其他人的人生际遇有了很大差异。

在商界，企业经营顺利、盈利递增，是每个老板都愿意看到的，而商场风云变幻，有时偏偏阴云遍布，身陷困境，甚至"破财"失败。面对如此窘境，该怎么找出机遇呢？

一个叫阿平的青年学生大学毕业后，凭着一股闯劲，借债办了个专营电脑的商店，仅一次就购进低价电脑30台。而当销售量还未突破1/3时，购买电脑的人都因电脑质量问题纷纷上门退货，他追及原购人的电脑公司，才发现对方早已逃之夭夭，只得自认倒霉，向顾客作退货处理。加之还未卖出的库存电脑，阿平只有债务没有其他，一时间他真想跳楼。阿平无奈之下，打算卖掉电脑。此时，阿平突然看到了学校的多媒体教室有好多学生在排队等待上网。阿平在压力中突发灵感，心想电脑贱卖的话只会损失，干脆利用这批电脑自办一家网吧，可能还会翻身。结果新开的网吧天天爆满，阿平又连续开了五家分店，收入一下子窜到了上百万。

天有不测风云，正当阿平网吧开得火红之时，又传来了一个噩耗。原来是北京一家网吧发生火灾后，全国大规模整顿网吧安全，阿平的四家网吧面临停业整顿，来光顾的人少之又少，已经积累的财富与新的投资点眼看就要被消耗殆尽。困难显英雄，逆境出新"机"。阿平仔细研究了市场情况后，嗅到了因电脑普及而产生的应用技术培训跟不上这一市场商机，他决定不再做网吧生意，将全部电脑作计算机技术培训之用，并聘请大学老师上课，办起以实用技术培训为主的"电脑技术学校"。没想到这条路很合市场胃口，学校规模不断扩大，阿平也越来越有钱，成了"千万富翁"。

阿平面临两次"破财"，经历坎坷又走出来，再次彰显坏事可以变成好事，以变应变，另辟蹊径，会有新机会出现的深刻道理。如此，人生的机缘不是可以摆脱"命中注定"的桎梏吗？

两相矛盾的事物中也有"机缘"，我们要善于从对立中"碰"出机缘。"不打不成交"，是人们摆脱原先的对抗状态，寻得新机缘的一句通俗表白。从古至今，在很多领域里，原来相互竞争、对立甚至对抗的个人与组织，或因双方面临的形势、格局有了新的变化，或是两方因某些共同关注的事物昭示必须全力以赴地联合，使双方有了更好的发展机会，如政治上的"合纵连横"、商业上的联合兼并、艺术上的流派促等，促使相关行业的人们在不同领域中联手实现新的突破与发展。

其实，在经营爱情时，也有一些男女因工作上的争论、无意的"相撞"，甚至事业的竞争等，在激烈交锋中发现了对方的优点与魅力，进而产生了爱情火花。

要学会以大握小

机遇往往存在于很多地方，如体现在学习、创业、科研、商务、政务等方面的一件事或一个方面里。机缘又有历史和时代背景，往往是大的历史机缘、时代机缘、改革机缘、社会进步机缘、生活方式变革机缘，进而为个人创造了各种发展机缘。

人们首先要关注时事，并善于发现和利用大的机缘。譬如自1979年改革开放以来，中国大地上发生了许多重大变化，如，建立深圳等经济特区、大力引进外资、国有经济战略性调整、国有企业改革、兴办证券交易市场、开发浦东新区、西部大开发、振兴东北老工业基地、举办北京奥运会、上海世博会等，由此出现若干涉及政治、经济、文化、体育等领域的大机缘，造成对人们思想观念、行为方式、职业生涯、价值实现等方面的巨大影响与触动。而且，国家也大力报道这些大的机缘，以一种人们非常熟悉的方式宣扬机遇的到来。人们在苦寻渴求的人缘、事缘、财缘乃至情缘时，千万不要忽视了瞄准各类与之相关的大机缘，不要在众多机缘中丧失自我。

做政治和社会方面的工作的人们，应该看到国家在政治稳定、经济发展的大背景下，进行一系列经济、文化、政治改革时迫切需要大批符合时代要求的干部的大机缘，看到一系列干部人事制度改革中产生的各种竞争上岗、公开招考、公开选拔、民主推荐的具体机遇，然后，利用各种小机会争取到大好职位，或在各类竞争性选拔中表现自己，在新的机遇中展现个人的抱负与才智。

做经济工作的人应在投身各种重大经济变革与参与经济发展时，有意识地关注国民经济结构优化、新产业显现、新的市场需求、区域性经济板块崛起及经济全球化等带来的机缘，结合个人所在的领域、行业及从事的岗位，投资创业、参与竞争、自主创新、联合开发、引进外资、改制上市、择业流动等，在利用机遇的过程中，实现多方面的胜利。

从事文化艺术等工作的人，应预测到国家文化体制改革与精神文明建设的时代趋势，关注人民的多方面需求，根据个人的职业、特长、兴趣及相关条件，捕捉在文学创作、艺术创新、体育竞技等方面的机遇，使自己创造出更加丰富多彩的事业，通过事业成功，个人幸福感也得到提升。

从事教育、科研等工作的人应关注并参与到教育体制、科技体制改革的潮流之中，调查社会经济发展与变革后对教育、科研领域的种种新需求，然后，结合个人特征及所长，选择某一领域、某些方面的岗位，做好富有挑战性的工作，把个人的创造性劳动融入有利的机遇之中，促进自身事业的发展，突出人生作为，促使事业跃升。

以此类推，无论从事的是什么职业，如果你渴望在学习、工作与事业发展中捕获新的机缘，就得善于从大机缘中搜寻和发现与你密切相关的具体机缘。倘若你眼中只想抓住机缘，因而忽略历史时代背景，就极可能事倍功半，难求好机缘的出现。

其次，我们还要善于从小机缘的利用中发掘更大的机缘。大小本身就是既矛盾又统一的关系，"大"的机缘中隐藏着"小"的机缘，而在日常接触中，出现的小机遇往往又成为获得更大的、连续的机缘的"引子"。譬如，在商业领域，你看到一个产品畅销市场供不应求的机会，即投资兴办相关企业，实现了发展与赢利，这会促使你深入了解有关行业的整体态势，获得更多这方面的信息，带来一连串的新的甚至是更大的商机，达到企业和个人的双丰收。近些年，在旅游业、会展业、通讯业、IT业、地产业及国际贸易等方面，有大批得益于"机缘链"的相关投资人、管理者、技术人员、营销人员好运连连，快速发展。

在个人的学习深造方面，从小机缘找起，连续发掘和把握住更多、更大的机缘从而"功成名就"的人也很多。

世界酒店大王希尔顿，早年追随掘金热潮到丹麦掘金，他没有别人幸运，没有掘出一块金子，可他却得到了上天的另一种眷顾。当他失望地准备回家时，他发现了一个比黄金还要珍贵的商机，也迅速地把握住了它。当别人都忙于掘金之时他却忙于建旅店，他顿时成为了有钱人，也为他日后在酒店业的成功奠定了基础。

中国首富李嘉诚想必人人都知道吧。他的成功在于对时机的把握。改革开放初期，社会还相对落后，土地也没有现在这样的"寸土必争"。但就是在这样的环境下，李嘉诚把握住了商机，在自己并不富裕的情况下借巨款购买了大量的地皮。这样的举动需要多大的勇气和智慧啊。也正是这次常人想都不敢想的投资使他发家起业，成为了亚洲地产大亨。

其实，机遇是留给准备好的人。劳伦斯·J·彼得不是说过，不要有怀才不遇，生不逢时的想法。只要你是锥子，哪怕是放在口袋里，年长日久，也会冒出尖来。

凡事主动些，机会多一些

作为下级，要想成功，不能守株待兔，让机会过来找你。别以为顺应自然，机会自然就会来临，若是以为天上真能掉下馅饼来，恐怕只有饿死的命。机会不可能从天而降，也不会像路标一样静静地等在前方。有机会要牢牢抓住，没有机会也要懂得创造机会。由此可见，个人的积极性是很重要的。

机会具有隐蔽性、潜在性和选择性三个特点：要对付隐蔽的机会，下级就应锻炼敏锐性；机会的潜在性要求下级要懂得开发；选择性则要求人们会挑能选，非此即彼，因而博得机会只能属于那垂青它、并以积极心态努力追求它的人。

机会不像班车，可以等着它准时到访，能不能得到机会要看下级以何种状态、何种心态对待它的出现。碰上机会，抓住或错失，或者根本没有机会，都不是最重要的问题。最根本的问题是下级是不是时刻做好了充分的准备，迎接机会的到来。

有一句话说得好："愚者错过机会，弱者等待机会，智者把握机会，强者创造机会。"

能稳操胜券的人，是早已做好功课为自己争取机会的人。

"毛遂自荐"之所以传为千古佳话，不仅因为其中的大勇，主要还在于毛遂充分利用了时机，凭着自己的智慧和胆量，让自己有机会表现。

下级要想获得发展的机会，切不可一味做等待伯乐的千里马，而要主动展示才华，尽可能地为自己创造受赏识的机会。

此外，机会的创造需要选择，要有看准机会的眼光，取得成功的先机即要选择一个合适的单位、合适的部门、合适的老板，合适的途径。

1. 开创自己的事业，做自己的主人

俗话说"天下没有免费的午餐""没有耕耘，就没有收获"，机会也不例外。

有些人把学业上没有建树、工作上没有绩效、仕途不能通达的原因，都归结为缺少机会，觉得自己被命运冷落而发出"姜篱隐没灵芝草，淤泥藏陷紫金盆"的感叹。他们期待奇迹的发生，期待好运能改变现状。

这种想法有点可笑，因为任何人的成功都是其个人主观努力争取的结果。所以，世上没有救世主，只能靠自己，也只有自己才是最可信赖的人。只有付出心血发奋图强，勇于拼搏，最后，才能柳暗花明，绝处逢春。

因此，只要条件允许，下级都应该通过自己的努力去创造有利于自己发展的各种机会。

在找寻机会的途中，另寻出路闯天下也不失为一种方法。另寻出路的意思是下级在某种可能的情况下，另起炉灶成立新单位或新部门，并在这个组织或部门中担任重要的职务。

尽管存在一定风险，但是最爽不过当老板，自己能够做自己的主人，也更能够充分发挥自己的能力。

如果身为下级的你认为自己是个有实力的人，可以试着创业，就算一时不能成为老板，自行创建一个部门当个小老板也是不错的。

2.利用梯子效应，把老板往上推

所谓站得越高看得越远，如果你能比别人多爬一节梯子，站得就比别人高，看得也更远。问题在于：梯子总有到头的时候，如何才能让自己有梯子可爬，继续攀登?

帮助自己的上司发挥长处，做出成绩，倘若你的领导晋升了，那么他一定不会忘记你的功劳，你也会有所获利。

这是下级能够不断在梯子上攀升的重要诀窍。

每个人都在为自己谋求发展，这就好比大家都在爬梯子，但梯子有到头的时候，别人爬到了头就不能再继续了，但你却并不放弃，而是继续建筑梯子，为自己再接着上一段钉上一截，让梯子继续加长。也就是说，下级要为老板的工作服务，成为为老板谋求发展的筑梯匠；而老板又是下级要爬的梯子，老板这把梯子如果到头了，那么，爬这架梯子的人也就只能停留在梯子的末端，没路可进。这就是所谓的"梯子效应"。

"老板有成效，下级才有成效"，鼓励帮助自己的老板前进，帮助他取得成功，获得更好的发展。

这说明下级的能力很强。

每个人都有自己独特的成长历程，因而兴趣爱好、素质、层次，乃至各人所擅长的东西也都不一样。学会了解自己的老板有什么长处，知道老板可以展现的优势在哪儿，让他得以表现，取得成功与发展，这是一个下级为老板加筑阶梯的关键。

要善于问自己："老板极擅长做什么？他过去曾经成功完成的事情有哪些？主要是哪些方面的事情？要让他发挥长处，得以表现，我需要为他提供什么帮助？"

当下级清楚地得到了以上问题的答案后，就要多献计策，为他寻求一切可以发挥专长、得以表现进而得到晋升的条件。

如果老板善于政治外交，那就给他提供各种政治形势的资料；若老板慧眼识英才，下级就要尽量为他搜寻有用的人才，以及相关人员的资料……

为老板收集各种信息，可以帮助老板获取多种资源，这样他在决策时，就会充分利用它考察问题，在工作中做出优异的成绩。老板有机会被提拔，作为下级的你也就能顺着老板这个梯子爬得更高。

3. 蓄努待发，为迎接机会做好准备

倘若机会重大，就会对当事人有很大帮助，这是毋庸置疑的。每个人在一生当中都能遇见很多机会，但是机会只偏爱那些有准备的人。每一次机会都很珍贵，能否把握它，关键在于你是否能在机会来临前做好充分的准备，等着机会一出现就马上抓住，不让它溜走。

为什么当机会来临时，有的人只是任之白白流走呢？那是因为他没有为机会提前做好充分的准备。所以，有些人一辈子都碌碌无为，因而抱怨自己，抱怨别人，但是有准备的人却能一步攀上成功的顶峰。

可是，我们应该准备些什么呢？所谓准备主要是指为取得成功而长期进行的坚韧扎实的知识储备和辛勤努力的劳动，以及与机会奋战的决心。

成功人士并非运气好，并非机遇好，他们大多是在经历了奋力拼搏、曲折辛酸之后才得到机遇女神的青睐的。因此，"等待机会"这句话，其实是指为了迎接机会而做好准备的过程，只有经过充分的"蓄势"，才有机会出击。

作为下级，我们应该小心谨慎地播下机会的种子，做好抓住机会的准备。一旦时机成熟，成功就唾手可得。当然，在这个等待的过程中，下级还应掌握以下技巧：

"第一，准备工作不是盲目地尝试，而要提前限定好范围。

这种有目的、有计划的尝试，才是在为以后的工作打基础。

"第二，准备工作应针对自己的兴趣、能力及各项优势条件，准确测量自己对工作的适应程度。

"第三，准备工作的目的是为了获得成功与失败两方面的体验，为以后的事业发展积累经验。无论成功与否，它都是值得的。"

4. 以退为进，远择最佳时机

日本的三岛由纪夫说："行动通常具有一定的目的性，机遇总是与我们的奔跑方向交叉着出现。我们总希望能尽量减少命运作祟的因素，所以，在前进的时候，抓住眼前疾驰的机遇而加以利用是很重要的。"

这其实就像猎豹捕捉猎物，刚开始时并不着急捕获，而是远远地藏在草丛里，静静观察，凭着狡黠敏锐的眼光搜寻机会，一旦有机可乘，就果断出击。

但是，做到静观并不容易，必须能耐得住性子，沉得住气。如果浮躁冒进，就会坏了大事。这也告诫我们，要把目光放长远，学会预测事情的发展方向，不可因小失大，为蝇头小利而失去获得巨大发展的良好时机。

一时放弃并不等同于罢休，以退为进，不断积累实力，反而能够获得更好的机会。这正是"厚积薄发"的内涵。

暂时的放弃是为了做好更充分的准备，以退为进是为了等待最佳的时机。

让别人知道你，你才可能影响到别人

使自己被成功提拔的一条捷径就是让众人都知道你，让同事和老板了解你的能力，信任你的人品，支持你办事。

有的员工尽管很有才华，能力超群，成绩卓著，年富力强，也能做好某个职位的工作，但由于不懂得表现自己，因此，老板不了解，同事不熟悉，他也因此而难以被提拔。

提高自己的知名度，爱将之才自会踏破门槛，与之交往，从而拓宽交际面，获得更多的朋友，拥有更多的人力资源。其他人办不成的事情，很可能因为知名人士的一句话就办妥了。

所以，身为下级一定要注意打造自己的知名度，让自己名声大噪，这样就能够更快地得到老板的注意和赏识，做事时再圆滑一些，人生将顺风顺水，事事顺利。

1. 学会自我表扬

如果下级想为自己寻找一个更好的位置，可以适当造成一种舆论，用这种方式来抬高身价，让自己有更多的机会。

比方说你可以假装不是很严肃地对同事说："我接到某某公司某先生的电话，你认识他吗？"

一般来说，对方会继续追问你。这时，你就可以装成不经意的样子提起某某公司看中了自己。

"瘦田没人耕，耕开有人争。""没有人会踢一条死狗。"

因此，倘若竞争对手看中了你，说明你很有价值，一定会更值钱，这就是人们经常说的"借人抬己"的方法。

倘若没有别的公司向你伸橄榄枝，那么你就要尽量增加与其他单位的朋友或工作伙伴的约会。在与这些人约会的时候，要好好地装扮自己，哪怕只是吃顿便饭也别忘记悉心打扮，并稍微伪装自己的言谈举止，这样便很容易成为"猎头"跟踪的对象了。

在自我宣传中，可以多加利用的话还有"我认识很多权威人士""我多才多艺的"等。当然，这种自我表扬的言论，说的时候应该讲究方法，否则你将收不到想要的效果。

2. 增加信息渠道，证明自己的存在

一个人的知名度高，知识面就会慢慢扩大。

正所谓：学而无友，孤陋寡闻；学而多友，信息日新。每个人的身边都有很多信息，如果一个下级经常收集信息，就能如同具备"千里眼""顺风耳"一般形成大的信息汇集地。这就是"秀才不出门，能知天下事"的道理。多一个朋友和熟人，也就多了一条通往成功的路；多一个伙伴和帮手，自己的事业就会顺风顺水。而那些默默无闻，只会埋头工作的人，因为不懂得交际，不懂宣传自己，所以很难交上朋友，成功的速度也慢了很多。因此，下级应该尽可能地利用现有渠道，让自己的名声传播得更广，以扩大影响力。

有很多途径可以为自己打开知名度，下面介绍几种：

（1）借助新闻媒介宣传。在信息化的今天，大众传媒已是信息传播的重要手段。这样的媒介所接触的公众常常数以万计，对社会的政治、经济、思想、文化等方面有着巨大的影响

力。特别是在中国，新闻媒体往往引导着社会舆论的主体，其发挥的作用和所占的地位相当重要。

有很多宣传手段可以借助媒体来实现，比如，发布广告、撰写文章、出钱资助等，这些途径可以让你借助大众传播媒介的力量提高自己的知名度，扩大自身的影响。

（2）借助各种社会性活动。社会活动包括学术报告会、纪念会、文艺活动、体育运动、庆祝典礼等。

一般而言，无论在哪个单位，体育"健将"、文艺"明星"的知名度都很高；喜欢参加社会活动的人，出场频率高，知名度也比较高；在会议上发言踊跃的人，往往也能给人留下深刻的印象。

由此可见，提高知名度最好的办法就是不要放过任何一个出头露面的机会，应参加各类社会活动，多做公益善事。下级应该形成这种观念：只要有人在，就要证明自己的存在，就能证明自己的存在。

（3）开展全方位、多侧面的外交。所谓全方位、多侧面外交，就是说要通过交际或游说，让彼此熟悉起来。经过多方面的联系，从多种渠道获得各种资源，让自己的朋友多起来。

（4）努力干活，做出成绩。下级要想让众人知晓他，没有什么比努力干活、做出成绩这种实干的方法更有效。

很多事实证明，成绩是提高知名度最有效的武器。哪怕你从前并不出名，但如果你创造了劳动成果，干出了成绩，那么知名度就会提高很多。

要想让自己的知名度不断提高，最好的办法就是拼命干活："干活"是王道。很多人"十年寒窗无人问"，而"一举成名天下知"，不只是因为有千年一遇的好机会。

3. 争取成为焦点

尽量让自己在获得提拔的过程中取得成功，最好的办法是有业绩。但是在今天的社会，工作表现好，办事能力强，出色完成任务的大有人在。因此，业绩不再与晋升相等同，而只表示他会因为出色的工作表现获得加薪或某种精神奖励，除此以外，别无其他。

在一个人被重用的概率构成中，一个人的工作表现只占10%，给人的印象占30%，而在公司里的曝光概率则占了70%。

基于这个数据，专家表达了自己的观点。柯尔曼认为："在当今时代，工作表现好的人太多，时间长了可能会被给予涨工资的奖励，但并不意味着能够获得提拔的机会。提拔的关键在于有多少人知道他的存在和他的工作内容，以及这些知道他的人在公司中的影响力有多大。"

无独有偶，辛辛那提的管理顾问克利尔·杰美森也给出了与柯尔曼相似的意见："不少人觉得自己只要勤奋干活，老板有机会定会予以重任，给自己出头的机会。这些人自以为真才实学就是一切，所以对提高个人知名度很不关心。但若他们真想取得成功，我建议还是应该学学如何吸引众人的目光。"由此可以看出，曝光概率——即在别人眼中出现的概率大小，与提拔息息相关。

倘若下级想被重用，最好的办法就是让自己成为引人注目的焦点，尤其是让老板知道你的存在，让公司要人看见你的付出。

4. 构建人脉网络

人生在世，我们每一个人都可能遇到问题。遇到问题的时候，倘若只想自己解决而拒绝别人的帮助，那就太天真、太幼稚了，必然会困难重重。

聪明的成功人士都懂得如何充分利用人力资源，通过多种朋友获得信息，把困难的事情变得容易。

当眼前问题不能解决时，人就容易陷入一种焦虑的状态。这时就需要一个有能力、有经验的人来指点迷津，以解决难题。

事物总是瞬息万变，人心也是这样。倘若朋友关系方面有欠缺，那么最初的朋友也会变成陌生人。一般来说，和他人合作的过程中会结交一定的朋友，有的人一旦完成工作，之后再也不与之联系。但是，聪明的人懂得如何让友情继续下去，他们会与朋友一直联络感情。

风水轮流转，你又怎么知道不会在哪一天再次需要和他们合作，求他们伸出援助之手呢？何况从人情上来讲，友谊得来不易，我们应该好好珍惜。

随着对社会的深入参与，对你有着利害关系的人逐渐增加。我们要一边联络旧朋友，一边想方设法地发展起自己的人际网络，扩大交友范围。

俗话说：朋友多了好办事。朋友越多，做事越容易顺风顺水，从多方面获得帮助。每个人都是一个信息源，以每个人为中心，可以辐射到他周围的一圈人，构成形似蜘蛛网的人际关系网。因此，朋友越多，关系网就一个套一个。多一个朋友机会不仅是多了一个，而是多了很多个机会。也许某一天，这种人脉圈上的任意一点能够帮助到你的事业发展。

既然交际网作用很大，你又怎能将自己禁锢在象牙塔里，自我封闭呢？你应该积极参加各种社会活动，用各种途径扩大交际圈。

那么，具体做点什么呢？

1. 通过业务活动扩充人脉

据调查，人脉理得最好的是从事推销工作或从事与推销相关工作的这一部分群体。

由于工作性质的原因，推销员必须与广大群众接触，人际关系网要大并不断地进行拓展。因此，他们必须多接触人，注重与人保持联系，并懂得如何运用交际手腕获取更多的销售机会。

一方面，客户渴望多接触他们，以判定他们是否值得信赖，是否应该购买他们推销的产品；另一方面，他们自己也要好好表现获取信任。因此，一名推销员只要懂得如何运用交际手段，就能拥有成千上万的交友机会，营销的机会也就多了起来。

那些不从事营销工作的人，也许不像推销员那样极其需要人际网络以支持自己的工作。因而，他们交朋识友的机会与范围相对小一些。但若有可能在工作中把自己所能接触的人都纳入到自己的人际网中，就可以通过他们为自己建立起多条人脉支线，继续发展下去。这样，你的人际关系网就会越来越大，你也能找到更多可以发展自己的机会。

这些工作范围内的人脉支线包括你的老板、同事、下属和顾客。以此为基点，再去结识你老板的老板，同事的同事，顾客的顾客……从而拓展原先的人际网络。

另外，积极参与业务报告会、同业会议、专业研讨会，或发表研究文章等活动，也可以为你提供更多认识人的机会。

2. 通过社会活动扩充网络

如果下级有交朋识友、扩大交际的热忱，那么可以多参加社会上的活动，这也是发展人际网络的重要方法。

比如说：可以加入某些俱乐部或社区组织，还有同学会等。此外，参加业余的乐团、剧团、合唱团，也是认识别人的好途径。尽管这种方式简单，但效果很理想，是可取的。

因为处于不同阶层的人都有可能因为共同的兴趣爱好走进同一个社会团体，所以如果能有机会从中认识一些社会名人，那么你的机会就又多了很多。